献给历届参加全国森林昆虫普查的工作人员

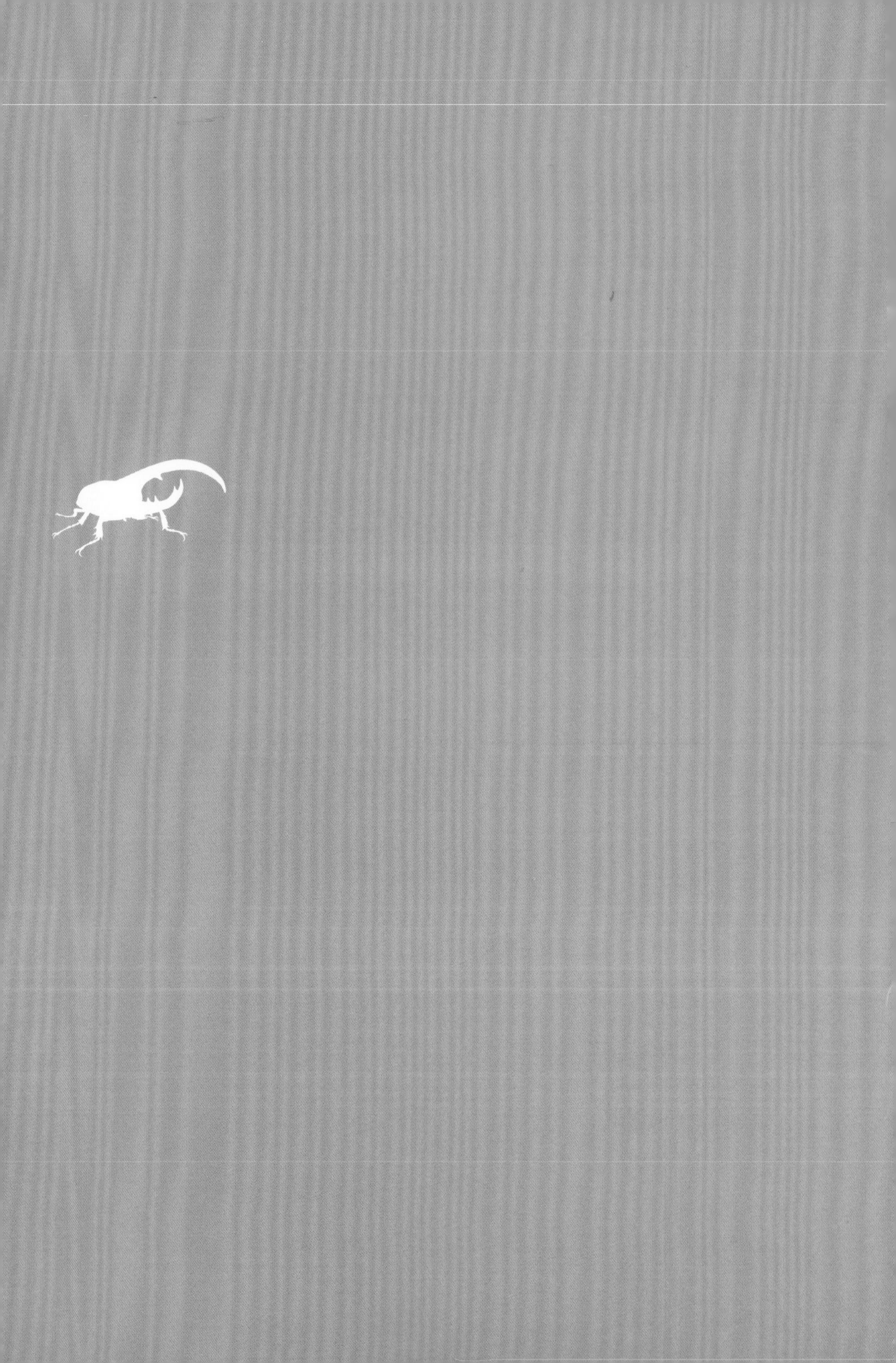

昆虫采集制作及主要目科简易识别手册

中国林业科学研究院亚热带林业研究所
徐天森　舒金平　著

中国林业出版社

图书在版编目（CIP）数据

昆虫采集制作及主要目科简易识别手册 / 徐天森，舒金平著. -- 北京：中国林业出版社，2014.12（2019.7重印）

ISBN 978-7-5038-7792-6

Ⅰ. ①昆… Ⅱ. ①徐… ②舒… Ⅲ. ①昆虫－标本－采集－手册②昆虫－标本制作－手册③昆虫－标本－识别－手册 Ⅳ. ①Q96-34

中国版本图书馆CIP数据核字(2014)第295552号

中国林业出版社·自然保护分社（国家公园分社）

责任编辑 刘家玲

出版发行 中国林业出版社（北京西城区刘海胡同7号 邮政编码 100009）

网　　址 http:// www. forestry. gov. cn/lycb.html

电　　话（010）83143519

印　　刷 固安县京平诚乾印刷有限公司

版　　次 2015年1月第1版

印　　次 2019年7月第2次

开　　本 880mm × 1230mm 1/32

印　　张 6.5

印　　数 3001～13000册

定　　价 50.00元

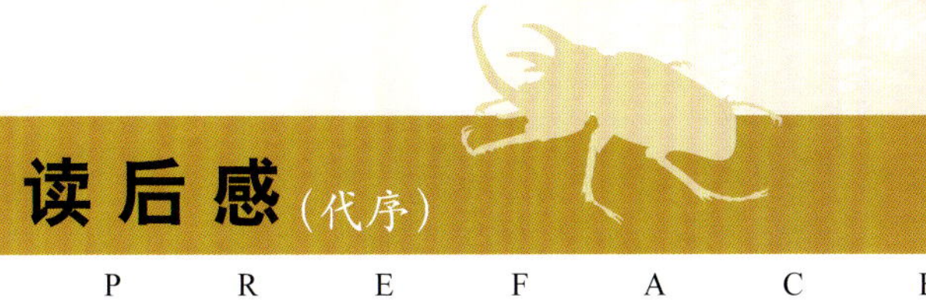

读后感（代序）

PREFACE

徐天森先生是我国著名的老一代森林昆虫学家，一直从事森林保护研究几十年，实践经验丰富，学术成果丰硕，出版专著多部，是我一直敬仰的学术前辈。

在即将开展全国第三次林业有害生物普查之际，为提高普查质量和水平，凭借他几十年的研究和实践经验，新著了一本关于林业有害生物普查中昆虫采集、制作及主要目、科简易识别的书。半个月前，我接到徐先生的电话，他扼要地介绍了著作此书的背景和目的，并将书稿的电子版发送给我，让我为此写个序。我一听就自觉无法胜任，不敢应承，因为无论学识还是年龄，我纯属晚辈。但徐先生坚持要我阅看书稿后写几句真实的心里话即可，可不拘形式。徐先生年过八旬，已退休近20年，但一直退而不休，对一生所从事的森林保护事业始终保持高度关注，以旺盛的精力继续进行学术研究，提携指导年轻学子。我一直被徐先生的这种敬业精神所感动，只得以忐忑之心，从命与应承。

徐先生参与了前两次全国森林病虫害普查工作的系统工作，包括培训材料编写、标本的采集和种类鉴定等，针对以往森林昆虫普查中存在的一些重要问题，以他渊博的学识、丰厚的经验与积累、极大的心血，著作成此书。

我有幸先睹为快，深感此书重点突出、图文并茂、表述精练、通俗易懂，更不易的是，书中精美的生态照片多为徐先生多年亲自拍摄和积累，其中许多害虫种类还包括了不同虫态和危害状的照片，相信此书的出版对提高森林昆虫普查质量具有重要的参考价值和指导意义。

特以此读后感代序，作为完成徐先生布置的作业。

北京林业大学副校长
中国林学会森林昆虫分会理事长 骆有庆

2014 年 10 月

前　言

FOREWORDS

2015年全国将进行森林有害生物普查工作。我参加工作后，每次普查几乎都参加了。多次的参与，我发现森林昆虫普查中存在一些问题，如（1）昆虫标本普遍质量不高；(2）个体小的昆虫标本少，新增加种类不多；(3）昆虫标本整理、保管不好；(4）普查工作中相机的作用没能充分发挥。我觉得应该汇总一生工作经验写本"昆虫采集、制作与鉴定"方面的书，并谈点对上述几个问题的解决办法，供大家参考。

全书主要分两部分，分别介绍了森林昆虫普查标本采集与制作、昆虫主要目科简易识别，方便读者在调查中使用。全书共约有600多张图片，60%以上是在工作中拍摄的，特别是有幼虫的，都是研究对象或饲养过的，如是有卵的，这卵的特征一定是能代表这个种的。希望本书的出版能为新一轮的全国森林昆虫普查提供有益的参考。

在此，特别要感谢北京林业大学副校长骆有庆教授在百忙中为我审阅全稿，提出修正意见，并为之写序；石娟副教授在百忙中作为第一位读者帮助审阅；吾中良副局长看到几张照片就给予肯定，说此书在普查中将会起到很大的作用；华正媛、徐国行、黄照岗、贾克锋、朱志建、叶碧欢、吴小双、柳建定等朋友提供了标本、资料、照片等方面的帮助。在此表示感谢！

本书所有照片除署名者外，均为徐天森拍摄、处理与组合。所用的昆虫标本全部取于中国林业科学研究院亚热带林业研究所昆虫标本室。

徐天森

于 2014 年 8 月 1 日 八十二岁生日

目　录

CONTENTS

黄其林先生《昆虫简易识别》部分油印稿

（1954 年稿）

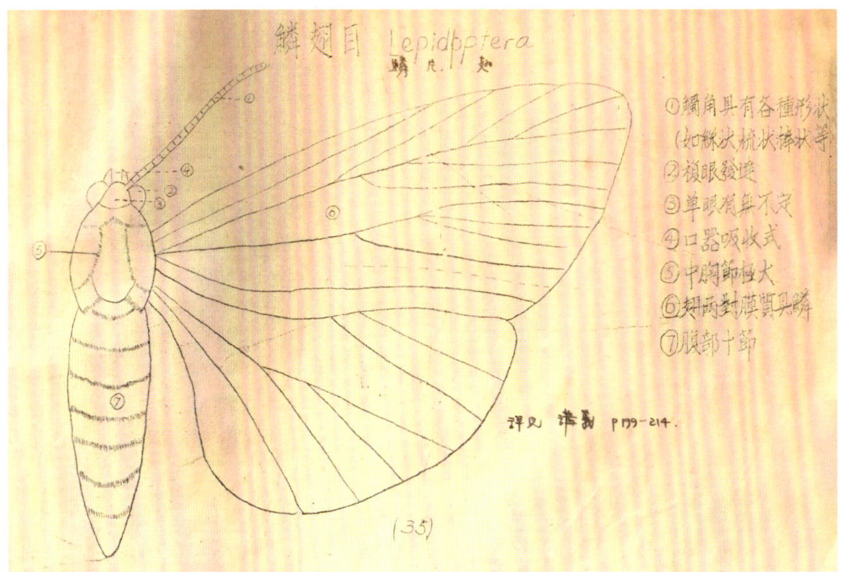

鳞翅目主要特征

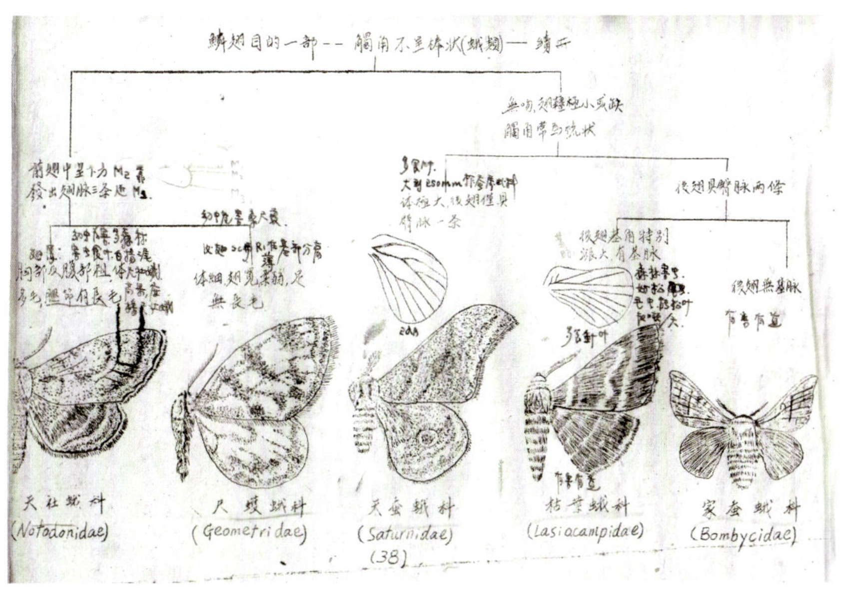

鳞翅目部分科简易识别

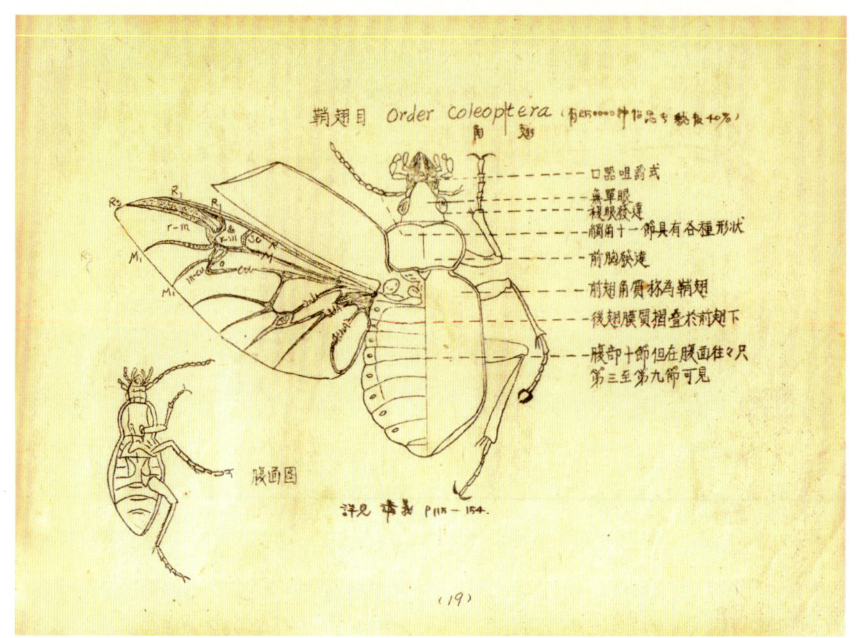

鞘翅目主要特征

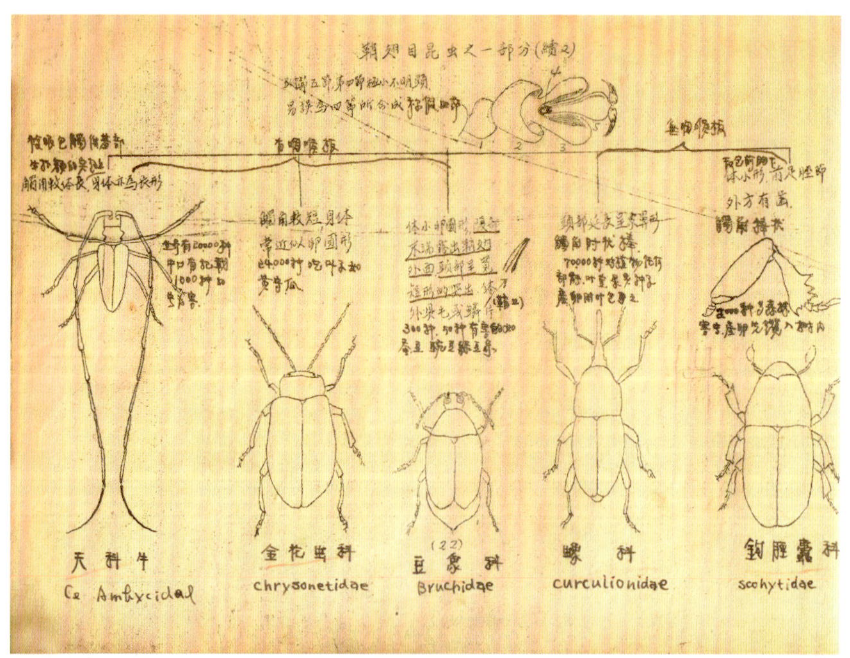

鞘翅目部分科简易识别

第一部分

森林昆虫普查标本采集与制作

森林有害生物普查对象很广泛，凡可对林木、种苗等林业植物及其产品造成危害的“所有病原微生物、有害昆虫、有害植物及鼠、兔、螨类”等均属之。而“有害昆虫”是普查中一个重要组成部分。昆虫的有害、无害或称为有益是因时间、地点及人为需要而定的，有害昆虫普查不得不将其扩大为森林昆虫的普查。在历次普查中均有其共同的不足点，即：(1) 昆虫标本普遍质量不高，针插高度、针插部位、展翅、整肢不合规格，触角、跗节等残缺标本较多。(2) 个体大的昆虫标本多、个体小的昆虫标本少。每次普查重复标本多，新增加种类不多。(3) 昆虫标本整理、保管不好。普查中已做好的昆虫标本收整不及时，装盒混乱；不同目、科的大大小小种类混合在一盒，给后来整理、鉴定工作带来很多困难，增加很大工作量；普查时间较长，普查中已做好的昆虫标本保管不善，有的已出现霉变、虫蛀现象，给以后贮藏标本的标本室带来隐患。(4) 普查工作中相机的作用没有很好地发挥。总结时也没有对影像资料提出任何要求。这些问题如果不设法解决，普查工作质量难以提高，会造成很大的浪费。如何解决这些问题，将分别在下面的内容中穿插讲述。

一、森林昆虫普查的意义

1. 逐渐掌握我国(省、市、县)昆虫资源

昆虫是动物界一个最大的群体，周尧先生于 1958 年在《普通昆虫学》中指出，全世界昆虫的种类有 1000 万种；又据 1941 年统计，已知名字的

昆虫有 90 万种，即已定名的昆虫仅占 10%。经过昆虫工作者几十年的努力，发现和定名的昆虫又有几十万种。我国幅员辽阔，跨古北、东洋两个动物地理分布区，地形、气候、植被极为复杂，昆虫种类应该非常丰富。但我国昆虫研究工作者人数较少，很多昆虫为外国昆虫工作者定的名，可以说“家底”严重不清。这对我国资源保护、害虫防治、益虫利用，以及控制有害昆虫的侵入等工作极为不利。

举个例子：20 世纪 80 年代末，北京农业大学杨集昆先生来杭州，我去招待所拜访他，他正在忙着，并对我说：“徐先生，你坐，我这马上就好！”我说：“出来也不歇着。”他说：“我刚去华家池看唐觉先生回来，在他家门口绿化带上，捉了个好东西。”我一看是天牛，就问是否为新种？他说应该是（后来他函告我是新种）。就在城市杭州，在昆虫学家的门口，也有新种。也在同年代，萧刚柔先生来到中国林业科学研究院亚热带林业研究所，当时还在中国林业科学研究院工作的吴坚先生陪同。事后吴坚先生告诉我，就在休息时，他到我们后山转了一下，就采到两个蚂蚁新种。

再举个例子，20 世纪 80 年代森林昆虫普查，浙江湖州的普查培训放在安吉县林科所内，是个离县城 10 千米处非常安静的小场所，在讲课休息时，我在院子里的毛竹林转了一下，发现有新东西，下午，我请他们给拿来钩梢刀，在毛竹的枝桠处发现 2 种蚧虫，我把标本带给中国科学院动物所王子清先生，他函告我，两个都是新种，即皱绒粉蚧、马蹄囊粉蚧，后来由王子清、胡金林分别发表在昆虫学报上。大家试想一下，就在我们（大家）工作的县城，山山水水，树种众多、植被复杂，将有多少个新种待我们去挖掘。所以对普查中的昆虫标本应该非常重视，好好制作，很好地保存，待专家们鉴定。让我们共同努力尽早地把我国昆虫“家底”摸清。

2. 掌握本地森林昆虫及外来有害昆虫动态，更好地为林业生产服务

森林昆虫的发生、发展、消失，每年都在变化，甚至有很大的变化，如马尾松毛虫 *Dendrolimus punctatus* Walker，曾被“誉”为我国林业第一大害虫，新中国成立前后几十年，可以说在我国所有的防治方法中，包括地面雾、粉、烟剂，空中飞机喷药，生物的菌剂（白僵菌）、寄生蜂（赤眼蜂）等都在马尾松毛虫上应用过，结果是年年防、年年有；年年治、年年重。到改革开放的年代，一下子马尾松毛虫没有了，分析原因，可能是改革开放后，生活条件改善，不需要上山砍柴，林地地被物上来了，天敌

增加了，虫害下去了。但可惜的是没有深入调查、分析的依据。

又如近年来，南方松材线虫病大发生，有些地方逐年在用飞机和地面大量喷洒农药防治松墨天牛，使改革开放以来刚刚逐渐恢复的脆弱的、良好的生态环境被破坏，大量的天敌昆虫被杀死，特别是膜翅目的天敌昆虫，体小，抗药性差。随之个别地区马尾松毛虫再一次出现，这应该引起森林保护工作人员的高度重视，通过普查，获得这方面统计数据，提供行政部门做决策时参考。

二、昆虫标本的采集

在浙江省林业有害生物普查技术方案中，对有害生物普查具体方法已详细规定，在此仅对昆虫标本采集和制作谈点具体细节。

昆虫采集是学习和研究昆虫必不可少的基本步骤，昆虫采集者除了具备一定的昆虫知识、了解昆虫的习性外，还必须掌握正确的采集方法，才能达到预期的目的。

1. 昆虫采集用具

（1）采集袋：以前昆虫采集有一定格式的背包，背包后侧有一排竖列的小袋，可插指管、铅笔，中间有布袋可放毒瓶、三角纸包，外侧有可放刀具、枝剪等工具的插袋，采集工具均放于袋中。现在都用其他袋子代替了。

（2）捕虫网：可购买。以前大都是自做。

（3）毒瓶：因有毒药，瓶外应贴有“剧毒”标志，并不可随意乱放，最好有专人保管。

(4) 浸渍液瓶：采集到幼虫、蛹、卵等虫态，无条件饲养者，拍摄好照片、记好原始资料后，放入浸渍液瓶中保存，也叫浸渍标本。浸渍液配制比例：冰醋酸 4mL、福尔马林 5mL、甘油 5mL、白糖 5g、蒸馏水 100mL。一般用 500mL 或更大的瓶子配制，长期使用。带到野外的常用 250mL 广口瓶装半瓶液体即可。

(5) 空的广口瓶、大口塑料瓶、大小指管、大小镊子。

(6) 放大镜：普通 10 倍放大镜。

(7) 三角纸袋：用透明的硫酸纸自己折叠 (亦可用光滑的纸张代替)，用以存放捕捉到的、经手压晕后的蛾、蝶。

(8) 刀具、枝剪：护身、开路、采集蛀入枝杆的害虫。

(9) 相机、笔记本、笔等。

(10) 捕虫黑光灯。

个人装备：帽子、上装长袖衣、下装长裤、旅游鞋、水壶、毛巾等。

2. 昆虫采集方法

野外林间采集没有固定的方法，但必须要考虑采集时间、地点和采集季节，一般说从晚春到秋末昆虫活动较多，采集最为有利，从一天时间来说白天 09：30～15：30 活动最盛，夜晚是天黑到 23：00 前活动为多；从气候来说温暖晴朗的天气，晚上闷热采集有利；晚上凉爽 、阴冷有风昆虫就不活动了，这时去采集，肯定没有什么收获了。采集时大都用下面几种方法。

(1) 观察法：听声音、看害状、找虫粪。

(2) 搜索法：石块下、树皮下、树洞内、腐烂植物下。

(3) 击落法：利用昆虫的假死性敲震树枝、杆，使其跌落。

(4) 网捕法：对静止或飞行昆虫，扫网是最常用的方法。人走在林间小路上，手中的网随意在杂草、灌木上扫动，可以捕到不少小型昆虫。

(5) 引诱法：利用昆虫的趋光性、背光性、趋化性、趋食性进行诱捕，最常用的是黑光灯诱捕。

黑光灯安装条件是离电源近，在林地外的坡下较平坦的空地上安装，方法有：一是简易方法：用 3 根竹杆支撑挂黑光灯，同时在灯旁、面对林地挂一块白布为屏幕，便于昆虫飞来让其停息。晚上昆虫拍灯后，会停于白布屏幕上，采集人员手持毒瓶，逐个收集。

二是简易活动诱虫笼式：适用于短期采集，用带孔的支架 12 根，临时组装，再罩上塑料纱，一面塑料纱有重叠，像蚊帐的门，便于人员出入采集、昆虫还不会逃跑。网顶上方留有大孔，以安装定制漏斗，在上安装黑光灯，便于昆虫飞来从灯下漏斗孔中落入笼中。见图 1。

简易活动诱虫笼的优点是晚上可以捉虫到 22：30 或 23：00，回去整理睡觉。次日晨将昨晚毒瓶标本倒出，又可以用一次，一般出外采集，毒瓶往往不够用，这样可以增加毒瓶利用率。早上在笼内捕捉，可以照相，可以有选择地收取昆虫种类，方便得多。

3. 昆虫标本采集时，几个注意的问题

(1) 捕虫网来回扫动捕虫，看似方便，但一停下来，虫飞啦，因网口开着。扫网要停时，将网用力一甩，网的底部就给甩到网口的另一面，将

图 1　简易活动诱虫笼

网口封住，虫逃不掉。

（2）毒瓶一定要保持干燥，毒瓶内放入一些剪成条的餐巾纸，可以吸湿和防止昆虫乱动、互撞，损伤虫体。

（3）昆虫的幼虫、蛹、卵一定不能放入毒瓶，以防吸湿；鳞翅目昆虫也不能直接放入毒瓶。在毒瓶中已有昆虫时，鞘翅目昆虫不能再放入毒瓶。

（4）不管是网捕或者灯下捕捉到的大型鳞翅目昆虫，均会挣扎、抖动，使翅破损，触角、足折断，最起码是鳞片脱落，做成的标本就有残缺。采集到个体大点儿的蛾、蝶昆虫，应先用拇指、食指用力捏压昆虫的胸部，见图 2、图 3（主要是中胸、运动神经在此），昆虫就昏迷不动了，但没有死。将捏晕的蛾、蝶放入昆虫三角袋中（图 4），写明：采集时间、地点等有关资料（图 5），再放入塑料大口瓶中（图 6），带回室内放入冰箱速冻层 1.5 小时（图 7），即可取出展翅。这样可以免于使用毒瓶。

（5）灯下采集到较多的鞘翅目昆虫，特别是大型甲虫，在晴朗天气时，可以先放在脸盆中，倒入开水，几分钟虫子不动了，即速取出，将虫子轻轻分开，不要硬拉，容易损坏触角、跗节，放在餐巾纸上吸湿，一会儿就可以制作了。

图 2　用拇指与食指捏大型蛾的胸部－1

图 3　用拇指与食指捏大型蛾胸部－2

图 4　将捏昏迷的昆虫放入三角纸袋中

图 5　在三角纸袋外写明采集时间、地点

图 6　采集的蛾、蝶三角袋可放入塑料大口瓶中

图 7　回到室内放入冰箱速冻层，1.5 小时可以制作

4. 普查中照相机（影像资料）的作用

在 20 世纪 80 年代普查时，昆虫采集工具中就提到照相机，但迄今照相机在普查工作中没起到很好的作用。在普查工作中没有提出影像资料收集方法；在影像资料处理中没有提出具体方案；在总结时也没有对影像资料提出任何要求。在普查工作报告中根本就没有影像这个内容。就是拍摄

到很多有价值的昆虫动态资料、好的照片，在总结时不知将其归纳到哪个部位，最后这些影像资料没有充分发挥作用，或散落在个人的电脑中。

在今天，照相机是一个最普通的、最适用的，但又是很重要的记载工具。这个新的记载工具，可以帮助我们在普查中解决很多不能解决的问题。在普查工作时，鼠、兔是不好抓的，相机可以捕捉它；调查有害植物，你也只能采点枝叶为标本，而相机可以记录它的危害状、危害程度；普查我们不可能每天上山，有害生物的生长、发育有其规律性、阶段性，其虫态、害状都会发生变化。我们上山工作时，只能观察到它生育中的一段，而变化前后的形态、害状，就可以用相机记载了。

在调查时，某些昆虫正好不是成虫发生期，也就是说，没有这些种类昆虫的成虫标本，在普查总结报告的害虫名录中就没有这些种类、总结报告就没有办法提供这个种的资料。事实在调查时，发现了这些种类的幼虫、卵的虫态，危害程度的轻重，并拍摄了危害状的照片。这段影像就应该写入普查总结中（并附这些种类的影像资料），而且还要提出对这种害虫的监控。相机就显示了它的重要性。

如 2013 年，安吉发生宽颚铃刺蛾 *Kitanola eurygnatha* Wu et Fang 的危害，图 8 至图 13 是成虫、幼虫、茧及危害状。可是成虫是室内饲养出来的，在林间是采集不到的，那在普查总结中没有成虫标本，也就不提了。

建议：

这次普查应该从开始就对普查中影像资料提出要求，提出操作方法，最后应有普查影像报告。所有影像报告要像普查报告附昆虫实物标本名录一样，附上影像资料目录。我相信这样做，这次普查“有害生物种类”会大量增加，普查结果也会更反映实际情况。

具体操作方法：

（1）要有专人负责：各县应在普查人员中，指定 1 人（我称他为像先生）负责影像资料保管。每次野外采集、调查回来，人们在做实物标本时，他处理所有人员摄的照片资料。

（2）先建立文件夹，第一层文件夹为参加普查人员，张三、李四每人一个；若第一次调查是 5 月 8 日，调查回来每个人的相机全部交给像先生，

图 8　被害竹林（研究人员与竹农在交流发生情况及处理意见）

图 9　宽颚铃刺蛾成虫

图 10　宽颚铃刺蛾茧

图 11　被寄生幼虫最后变成水渍状——自然寄生率 95% 以上

图 12　宽颚铃刺蛾幼虫及被寄生幼虫（红圈内）

图 13　宽颚铃刺蛾幼虫取食，示幼虫虫口密度

像先生把每个人的文件夹分别打开，分别建立第二文件夹（05-08），以后根据调查时间，再分别建（05-12）、（05-14）、（05-18）…文件夹，并写明调查地点、寄主等。

像先生再按虫、病、兽、草分别建立有害生物文件夹，在昆虫方面与昆虫实物标本一样，以按目、科、种建立第二、三层文件夹，像先生要把每个调查人的不同时间的文件夹内的照片，复制到各个有害生物的文件夹内。不同调查人获得相同种的照片归类到同一文件夹中。

（3）检索种类：要像鉴定昆虫标本一样，将文件夹中昆虫的成虫、幼虫的照片查阅资料，鉴定到目、科、种。也可以将照片发到平台上检索，一查到结果，立即将文件夹改名为昆虫实名。

（4）普查影像报告：格式与普查报告一样，并附上影像资料，也可以将普查影像报告汇入普查工作中或附在报告之后。

三、昆虫标本制作

为便于昆虫标本保存、鉴定、交换，所有采集的昆虫必须经过精心的制作才能称为标本。大致分为针插标本、浸渍标本和玻片标本。

浸渍标本在上面介绍浸渍液时说到对幼虫、蛹、卵等虫态，无条件饲养者，摄好照片、记好原始资料后，放入浸渍液瓶中保存，也叫浸渍标本；对小的、体软一类的昆虫，如蚜虫等放于小指管中，加入浸渍液，写明标签加盖棉花塞放入有浸渍液的广口瓶中，一个小指管只放 1 种标本，这也叫浸渍标本。玻片标本是指对蚜、蚧、昆虫外生殖器等，经处理后在玻片上保存的标本，这里不细介绍了，此处主要介绍针插标本。

1. 针插标本制作工具

（1）昆虫针：长为 38.5mm，分为 0～5 号，共 6 个号；0 号最细，2～3 号最常用。另有微针，长约 10mm，很细，是制作微小昆虫标本用，用微针插好细小的昆虫标本，再将微针插在三角纸片的尖端，另用 3 号针插入三角纸的底边处，下插标签。

（2）展翅板：是专为鳞翅目等几个目伸展、固定昆虫翅膀的工具。长 30cm、宽 20cm，上面用两块较软的木板，外厚、内薄，一块固定、一块可以向外拉动，以昆虫体的粗细调节两块木板之间的距离，两块木板之间下面是软木，以便插针。其优点是做成的蛾、蝶类标本挺拔，存放较久的标本四翅虽然有点自然下垂，因有了提前抬高，昆虫标本不会有垂萎感觉。现在大家都用泡沫塑料代替，方便是方便多了，但要做出高档次的标本，就有所欠缺（图 14）。

（3）三级台（又称平均台）：每级高 8mm，以最低一级用途较大，是掌握昆虫针插入昆虫后、背上留针长度为 8mm 用（图 15）。

（4）软化器：没有及时制作的昆虫，放了几天，出现干硬状况，再制作前应放入软化器内保湿软化 1～2 天，取出制作，与现采的标本无多大差异。软化器内的水需加入一些乳酸，以防止标本生霉。软化器倒去水，放入硅胶就成干燥器了（图 16）。

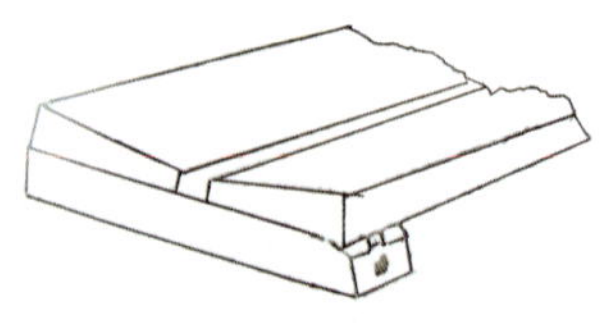

图 14　展翅板（徐天森绘）

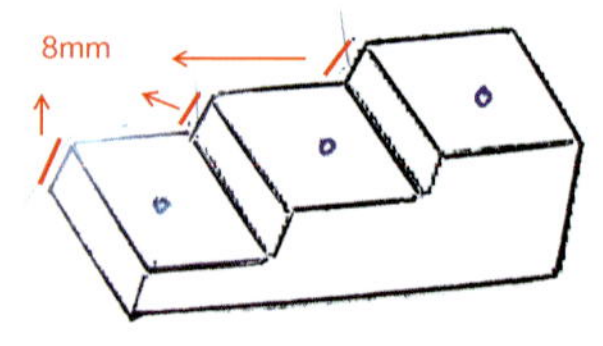

图 15　平均台（三级台）（徐天森绘）

图 16　软化器

(5) 针插钳：过去昆虫标本盒底层贴有人造的软木层，但很薄，昆虫针插入很浅，立不牢，以针插钳辅助插牢。现在标本盒下用泡沫塑料，可以不必担心此事，但需注意多年后泡沫降解，而损坏标本。

(6) 标本盒：市场采购。

(7) 干燥箱。

2. 昆虫标本制作要点

(1) 在谈标本制作要点之前，先说说每次普查所获得的昆虫标本的一个共病，就是大型昆虫标本多，小型昆虫标本少。所谓小型昆虫就是蛾类、鞘翅目、同翅目、双翅目中比较小或很小的昆虫。并不是说这些小型昆虫少，也不是我们在调查时采集到的小型昆虫少，其原因是我们在制作标本时有意、无意地制作小型昆虫的标本少。

我们回忆一下，普查时日子是怎么过的，一般上午出去采集，因天热回家先洗个澡，饭后睡个午觉，下午精神饱满的上班，做昆虫标本，先选一个漂亮的虫子做，很用心，标本做好了，还要左看看、右看看，甚至还会向旁边的朋友显露一下，看！漂亮吗？第二个选大个的虫子做，做了一些标本后，人的兴趣已大减了，站起来，在房间内转一下，喝杯茶，看看别人做得怎么样，假如还不到下班时间，再坐下来，随意捡个虫子再做吧！如挑的是小型虫子标本做好了，那是这个虫子的幸运，可是你很不如意，这么小的东西，费时间，不好做，又难看，搞不好翅膀还会搞坏一点，再留下的虫子全是丑小鸭了。第二天，又采集、又做标本，看看第一天留下的虫子，怎么办？虽然舍不得，看了一看，还是一伸手倒入垃圾箱。嘿！你这一倒不要紧，也不知倒了多少个个体，或者说倒了多少种，再或者说里面有多少个新种。举例如下。

2005 年在亚林所院子里，我看见一个漂亮的小蛾子，随手用相机摄取了一张照片，并发给动物所武春生先生，他很快回复：该虫名为“四点绢蛾 *Scythris sinensis* Felder et Rogenhofer”。怎么样，就这样增加了一个种。

图 17　四点绢蛾 *Scythris sinensis* Felder et Rogenhofer

再举个例子，2004 年在普查工作结束前，某个县请我们去帮助鉴定昆

图 18 小齿斜象 *Platymycteropsis excisangulus* Reitter

虫标本。上午休息时，我看到烟灰缸中有个小甲虫，我用镊子将它取出，看到标本还很完整，普查工作已结束就带回所内，用细毛笔去灰尘、再软化 48 小时，用昆虫针插好，后经张润之先生鉴定，知是小齿斜象 *Platymycteropsis excisangulus* Reitter，不要看不起这个被抛弃的小型甲虫，它又是一个种，我们鉴定后统计知，这个县共采集昆虫标本还不到 600 种，可不知丢了多少种呢？

建议：

做昆虫标本，应该从小昆虫先做起，因为下午上班，你情绪饱满，开始做标本有耐心，小昆虫标本你也能做好，多个小昆虫标本做下来，你也有点累了，再做漂亮的、大型的昆虫，又能提起你的兴趣，这样下午你做的标本数比平时多近一倍。

并且应该规定：在普查工作结束后、考核时，小昆虫标本数量的多少应作为县级考核重要条件之一。只要有规定，大家一定能做好，小型昆虫种类增加了，昆虫种类就增加了。

(2)昆虫针插入昆虫标本后上方留下长度为 8mm。为什么是 8mm 呢？昆虫针插入昆虫标本后，上方留下的长度是供手抓的，要便于从标本盒取出、插入，短了抓不牢；长了浪费。因昆虫标本下方针上的距离还要插 2 个标签；不管是大型昆虫，还是小型昆虫，不知是谁规定了一律 8mm，大家共认了。你想一盒标本，盒盖一打开，看到标本背面一律齐，第一印象怎么样：“漂亮”。“我上面说过去做的昆虫标本普遍质量不高”这算是一个。打开标本盒盖，就是同一种昆虫，排列得高高低低，再好的质量也下去了。怎样才能简单做到保留 8mm 呢？用三级台来帮助，见图 15。昆虫针插入昆虫后，将昆虫针倒置、大头插入三级台最低级平台小孔中，插到底，再将昆虫的背紧靠平台后拔出，这样昆虫标本上方就留有 8mm。下方第一张标签用三级台最上面的平台孔，第二张标签用中间平台孔。

（3）昆虫针插入昆虫的位置：昆虫有30多目，各个目昆虫的针插位置各有所不同，但均插于昆虫虫体的右侧。这又是为什么呢？因昆虫虫体为对称的，所有特征左边有右边也一定有。人，又多是右手先出，把昆虫标本从标本盒中取出，随之手一歪，就观察起来，看的是左边，昆虫的特征全部可以观察到了；如果是左撇子，针插在右边就不方便了，但左撇子少呀！故插昆虫虫体右边，是以昆虫标本的观察和鉴定方便而定的。

（4）主要目的昆虫、针插位置与制作。

直翅目：针插在前胸背板右侧（图19）、下方是中胸的位置，

针垂直插入使前胸背板与中胸紧密吻合，标本干燥后特别平稳。虫体上方针留8mm。在整理附肢前，应先用大号（粗针）昆虫针在昆虫体侧垂直插入泡沫塑料板上，以固定虫体，不因整理附肢虫体左右来回摆动。再将触角、6个足整理自然，用大头针侧方固定，待标本干燥后拔去大头钉，收入标本盒中。整肢时因虫体没有左右摆动，标本干燥时昆虫的肌肉会干粘在昆虫针上，昆虫与针形成一体；如标本在制作时，拉左足、虫体向左，拉右足、虫体又向右，来回转动，昆虫针把虫体针孔部分肌肉磨得光滑。待标本干燥时，昆虫的肌肉也会干粘在昆虫针上，但不坚实或不粘，这就是很多大型昆虫标本在昆虫针上摇动的重要原因（下同）。

图19　棉蝗 *Chondracris rosea rosea* (De Geer)

蜻蜓目：昆虫针插入蜻蜓的中胸右侧，蜻蜓的腹部细长、易断或下垂，针插后在腹部插入细铁（铜）丝，从尾部插到中胸，可保腹部不断。整肢时，使后翅前缘与身体垂直、前翅向前倾保持自然。6个足保持自然，用大头针固定，待标本干燥后拔去大头针，写好标签，收入蜻蜓目的标本盒中（图20、图21）。

图 20 整肢的箭蜓

图 21 制作完成的标本

同翅目：针插在昆虫中胸背板右侧、下方是中胸的位置，针垂直插入，虫体上方针留 8mm。插于整肢泡沫塑料板上时，先插入一半，免于将 6 个足压于体下，整理困难，见图 22 鸣蝉 *Oncotympana* sp.，用小镊子将 6 个足顺其自然地拉出，再将虫体压到底。6 个足整理自然，用大头针固定，见图 23。待标本完全干燥后拔去大头钉，写好标签，收入标本盒中，见图 24。特别要说明的是：这只鸣蝉是只残次标本，在做标本前它的左前足的胫节、跗节已经失去。此例就是要告诉大家，做标本前一定要看虫体是否完整，如果不是少有的昆虫个体，残缺的昆虫就不要做标本了。

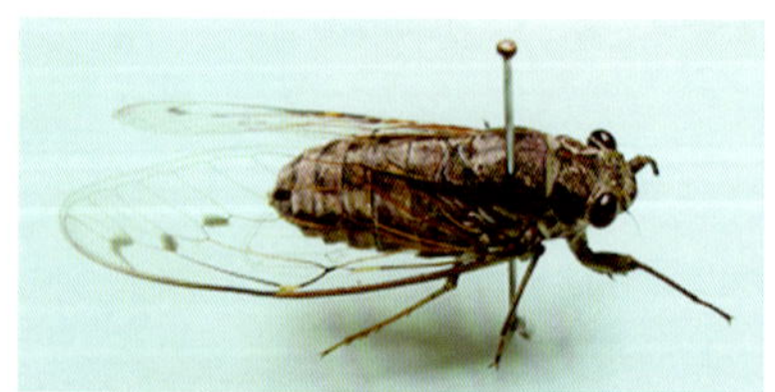
图 22 昆虫针插入虫体一半（鸣蝉 *Oncotympana* sp.）

图 23 用昆虫针固定附肢

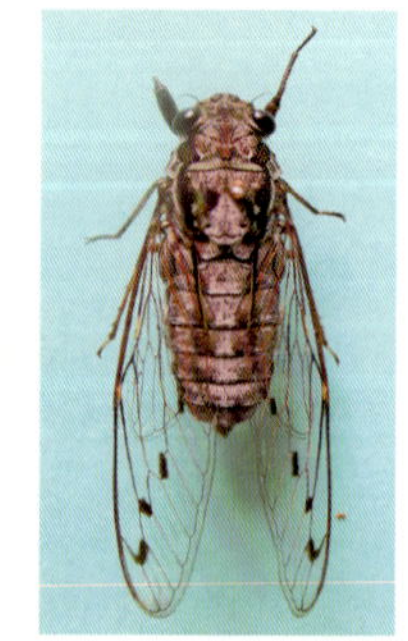
图 24 已做好的标本

半翅目：昆虫针插入蝽的三角形小盾片右侧，以全身长计算约中心偏前的位置。触角、6个足拉动成自然状态用大头针固定。触角末端、足的跗节不得弄断。待标本干燥后，拔去大头针，放入标本盒中。图25至图27为1982年做好的茶翅蝽标本，但附肢整理得不够标准，经软化48小时后，重新整理及完成后的标本。用这个标本重新整理的目的是告诉大家：采集回来的标本最好是及时制作，有时来不及做，也不能丢，干硬的昆虫可以经软化后再进行制作。

图25　茶翅蝽（这是1982年做好的标本）

图26　经48小时软化后重新整理

图27　已整理好的标本

鞘翅目：昆虫针垂直插入甲虫鞘翅的右侧、中胸的位置，注意的是针插点是标本的中心位置，在中足的后方，要从右侧观察不能插到中足的基节窝，很容易把中足插掉下来（特别是中、小个体昆虫，常插掉中足）。虫体上方针留8mm，再将昆虫插入塑料板上，先插入针一半，待将6个

图28　昆虫针插虫体一半（右侧）

图29　昆虫针插虫体一半（左侧）

足拉出后再插到底。6 个足整理自然，用大头针固定，待标本干燥后收入标本盒中。要将昆虫标本当作艺术品来做，尽量使其触角、足摆放得自然、对称，要考虑标本美观、挺壮。

因手中一时没有采到新鲜甲虫，就从昆虫标本室取出浸渍在 70% 的酒精浸渍液中的两种天牛，因浸泡时间较长，虫体僵硬，前胸与中胸已严重脱离，我将天牛保湿、软化 48 小时后制作。先把 6 个足的关节拉松动，两手分别抓住足的腿节和胫节，轻轻扳动，不能太用力，否则会断。用昆虫针垂直插入鞘翅右侧、中胸的位置，再将昆虫插入塑料板上，先插一半，见图 28 和图 29，待将 6 个足拉出后再插到底，用手指紧压使前胸、中胸紧密结合，再用粗针“八”字形插入固定，虫体两侧前后、左右也各用粗针垂直固定。将 6 个足、触角整理自然，用大头针固定，见图 30。待标本干燥后、轻轻拔去大头针，写好标本，将昆虫标本收入标本盒中（图 31 至图 37）。

图 30　将 6 个足整理自然，用大头针固定

图 31　昆虫标本制作完成，可收入标本盒中

图 32　整肢的云斑天牛

图 33　天牛标本制作一天后，发现触角有点垂萎、不精神，再次整理触角

图 34　制作完成的云斑天牛标本

图 35　在标本盒中发现的木棉梳爪叩甲

图 36　软化 50 小时后重整附肢

图 37　重整后的标本

鳞翅目：昆虫针插在蛾或蝶的中胸背板中间或略偏右一点，鳞翅目昆虫标本需要展翅、整肢。所以标本制作需用展翅板，将展翅板宽度调整好后，将标本插入，如展翅板上已有做好的标本，先用针把压翅纸条固定，见图 38，免于影响制作。我习惯于双手抓针，钉着前翅的前缘拉着它向前推进，见图 39（一般人多为单手钉着翅向前推进，缺点是单手推翅时，虫体会跟着动）。当前翅的后缘与虫体垂直时将翅固定。如稍有差错，可用手的中指压住针头向前或向后微动调整；再将后翅调整成自然时固定，放下压翅纸条，两个手指绷紧纸条、将针插在前翅前缘外的纸条上及后翅后缘外的纸条上，见图 40，再将原固定在翅上的针转动着拔去（转动着

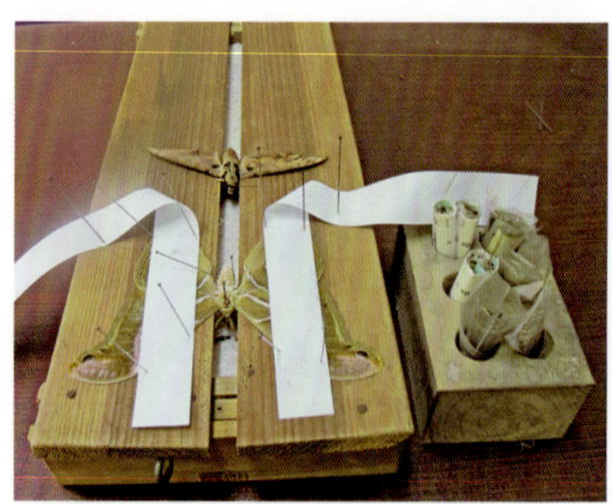

图 38　昆虫标本插入展翅板

图 39　双手展翅

图 40　左上方红圈是针插错，不能插在翅上，中间红圈是注意腹部下垂

图 41　去压翅纸条的标本，可以加标签装盒

图 42　鳞翅目标本前翅一定要与虫体垂直、触角完整挺拔、腹部不能下垂

拔针是防拔针时带着翅移动)。在展翅板上写明制作时间，便于到时取下标本放入标本盒中贮藏。

膜翅目：膜翅目昆虫标本制作是将昆虫针插在蜂的中胸背板中间，一般不展翅，也有展翅的，再将触角、6个足拉动成自然状态，用大头针固定。触角末端、足的跗节不得弄断。待标本干燥后，拔去大头针，放入标本盒中。

图43 木蜂

图44 木蜂展翅

在普查中所有采到的昆虫都应制作成标本保存，前面特别提到的是小型昆虫的标本问题，因为小型昆虫种类实在太多，在自然界生物平衡中起着重要作用，我们不能忽视它们。

鳞翅目：主要介绍鳞翅目中小蛾类标本的制作。鳞翅目是个大目，种类很多，而小蛾占据其中很大部分，种类太多，小蛾种类不清，是昆虫纲中很大的缺陷；再者是小蛾太软弱，在采集中断腿、破翅、少触角是常事，往往不被昆虫标本制作者所重视。事实上小蛾标本处理并不难，下面举10例（图45)。

这10个小蛾是在中国林业科学研究院亚热带林业研究所院子里黑光灯笼子内一个晚上灯诱的（笼子内还有其他虫子及小蛾)，次日上午采集用毒瓶毒死，随即制作。方法是用镊子在泡沫板上压个凹陷，将小蛾放入，用0号昆虫针插入中胸，上留8mm，就好了，一个虫子也只花了1分钟左右时间。干燥后插上标签（一定要写明采集时间、地点、采集人）即可收入标本盒中（假如是新种，这张标签就是原始资料)。

要说明的是这些小蛾有断腿、破翅、少触角的，看清楚了吗，要求标本尽量完整，但小蛾标本有点残缺不要紧，但个体数量要求多点，一个

图 45-1　图 45-2　图 45-3
图 45-4　图 45-5　图 45-6
图 45-7　图 45-8　图 45-9　图 45-10

种最少有 10 个左右或更多，以备鉴定时有互补，要是新种，还要取翅做翅脉玻片、取尾部做外生殖器玻片标本。

如果你做的还很顺手，可以再用细昆虫针从后缘下方将翅向前推一下就更好了。就那样一推，给标本鉴定带来很多明显的特征（图 46）。

三角纸小型昆虫标本制作：比上述小蛾还小的昆虫，0 号昆虫针已没有办法针插，就只有用三角纸了。方法有二，微针针插小虫，再插于三角纸上尖端的位置（图 47-02、47-03、47-04）和胶粘小虫于三角纸上尖端的位置（图 47-01），再用 3 号昆虫针插三角纸底边的位置，三角纸尖对

图 46-1-1

图 46-1-2

图 46-2-1

图 46-2-2

图 46-3-1

图 46-3-2

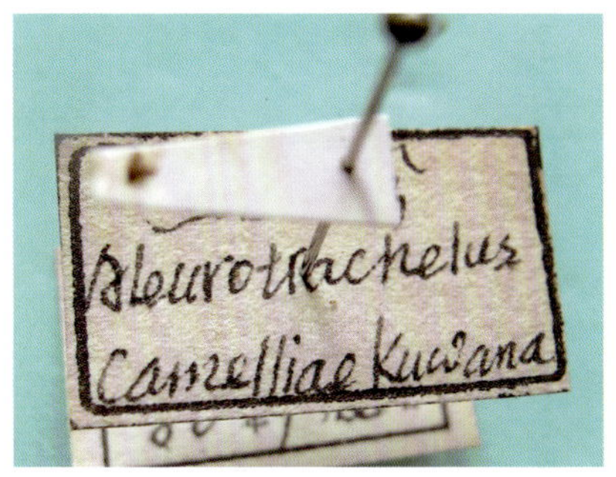

图 47-1

图 47-2

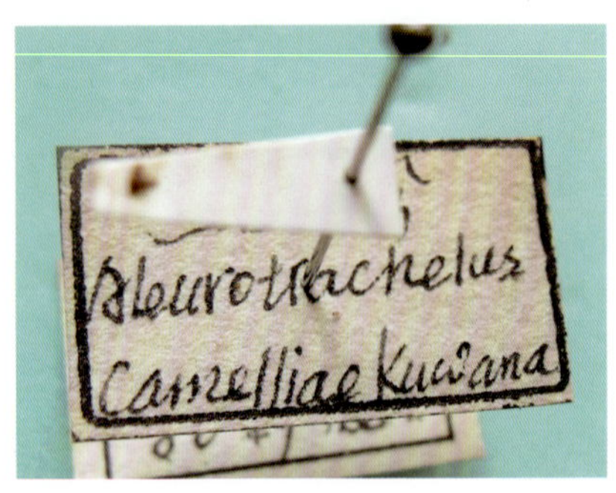

图 47-3

图 47-4

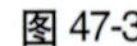

着左边，昆虫的头向前方，三角纸下方插上标签，再插入昆虫标本盒，便于保存。

其他小型昆虫标本制作方法：就是小型指管保存。方法非常简单、方便，效果也非常好。适用于同翅目、半翅目、双翅目、缨翅目、膜翅目等各个目的小型、微小型昆虫。采集到上述昆虫，用小毛笔或眉笔将各种昆虫按同类、最好同一种，挑于小培养皿内，写好标签，待干燥后，选好合适的小指管，填点脱脂棉于管底压紧，再放入标本、标签，塞好棉花塞即可（图 48-2、图 48-3）。为保管、检查、使用方便，可放入标本盒中，左右用昆虫针固定，下面及盒外均贴上标签（图 48-1）。

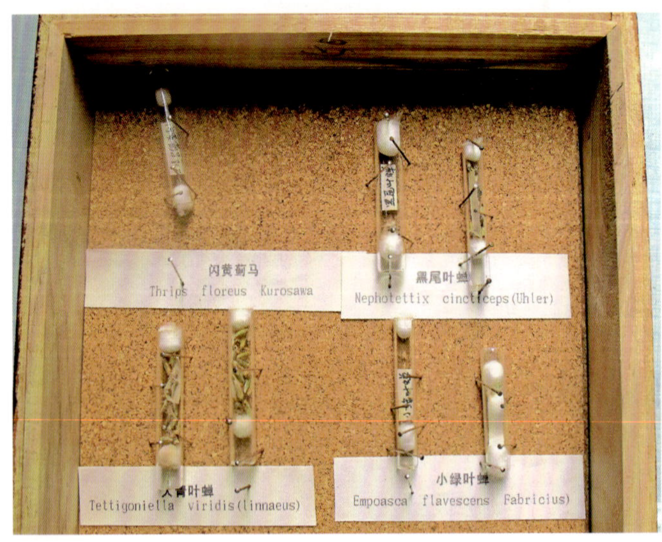

图 48-1　小型昆虫标本（1988~1990 年采制）

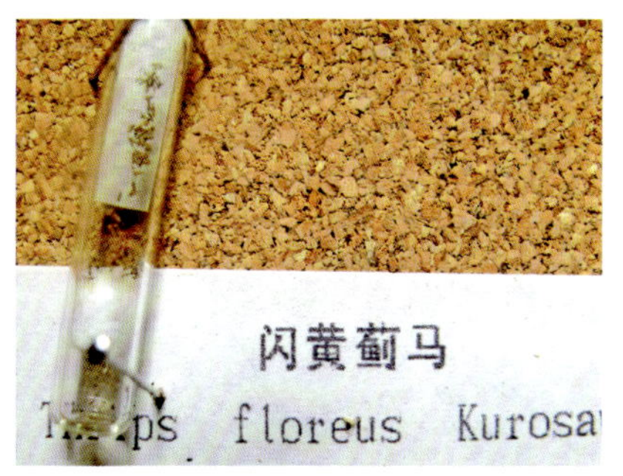

图 48-2　闪黄蓟马（1990 年 8 月采制）

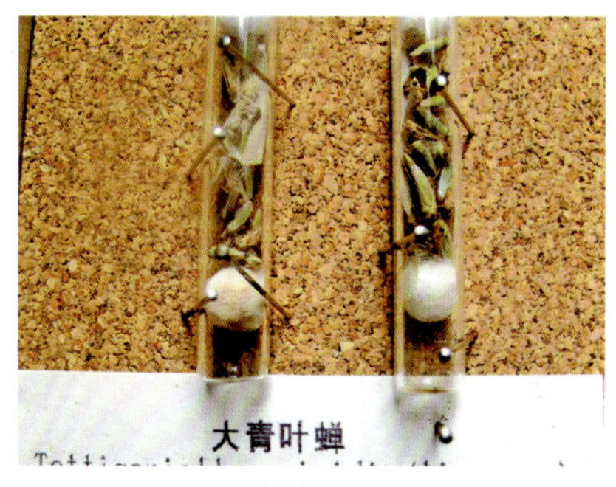

图 48-3　大青叶蝉标本（1990 年 7 月采制）

有些昆虫是固定在寄主上取食的，如蚧类。它的虫体采集是要将寄主采下，昆虫也随之采到了。故回到室内要先将寄主与虫无关的部分修掉，写好标签待完全干燥后用纸条裹好，再用大头针固定在标本盒内（图 48-4），标本盒外再贴上标签即可。

3. 普查中昆虫标本的整理、保管

（1）昆虫标本的整理：标本整理工作是普查工作中一个重要部分（举个不恰当的例子：好比一个家庭三口人，家中有 3 个衣柜，现在生活条件

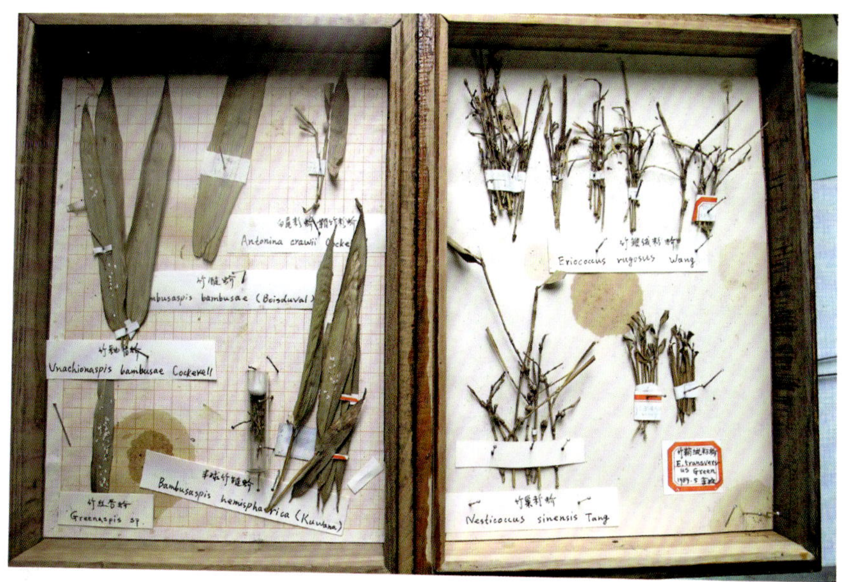

图 48-4　蚧类昆虫标本（1989 年采制）

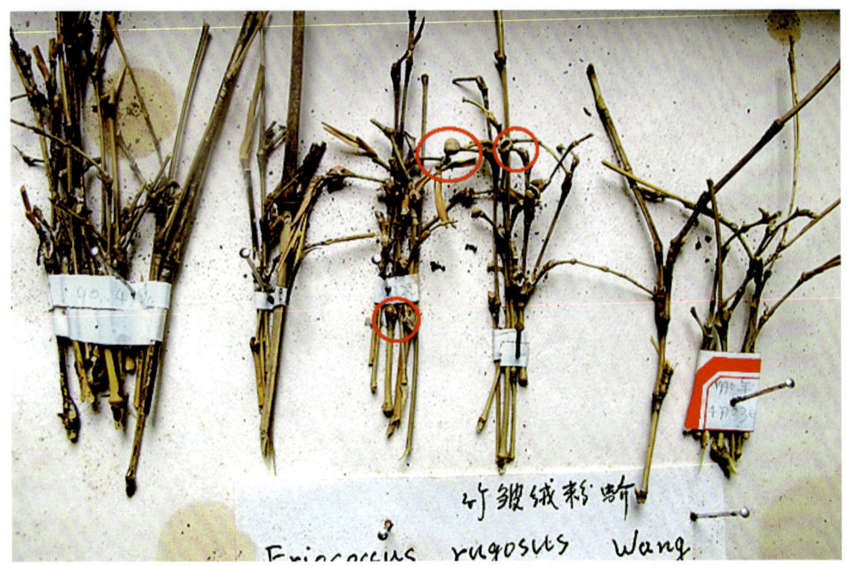

图 48-5　竹皱绒蚧标本（1990 年采制）

好了，衣服多了，一人一个；现在是夏天，每天洗换的衣服放在柜子中层，冬天的衬衫、棉毛衫、裤放在上层，长裤等放在下层，整整齐齐、清清爽爽，要换衣服，伸手拿到。同样一个家庭基本条件完全一样，洗好衣服，在折叠时大人、小孩，上衣、裤子叠放在一起，打开柜门，哪儿有空，顺手向内一放；要换衣服了，在男的、女的、孩子的衣服堆中，那个找呀！翻呀！ 虽然举例不当，你们想想上交的昆虫标本盒吧！）。现在不少上交的昆虫标本盒，就像后面那个家庭的衣柜，不同目、科装一个盒子；大大小小不同的种类混合在一个盒子中。一个种、多个个体分装在不同的盒子中。上交到省里，七八十个县，大省 100 多个县，每个县几十到 100 多个盒子，要多少人、多少时间再来整理，而且在整理中还会损坏标本。这又给鉴定工作带来多少困难。

建议：

在普查工作开始时，就要考虑到大量的昆虫标本如何装盒的问题，首先是与往年普查资料对照，共有多少科；再者查查文献，最常见的是哪些科，全部记下，就开始上电脑做标签，标签内容尽量

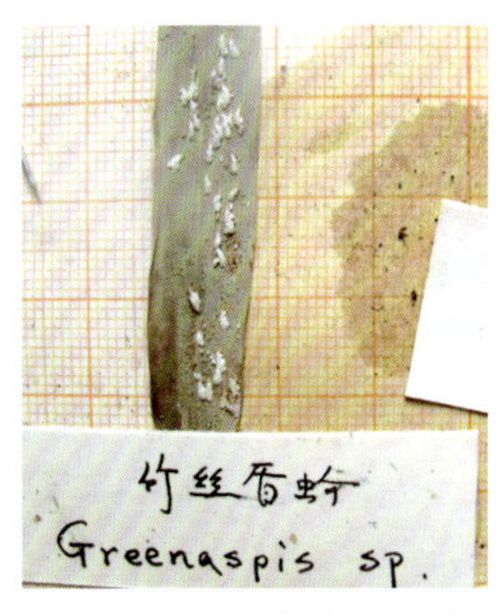

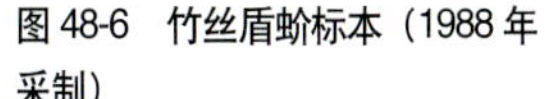

图 48-6　竹丝盾蚧标本（1988 年采制）

图 49　贴好标签的部分标本盒

详细，如：某某县，县名一定要写，要写得大大的、显眼。过去几十个、上百个县的昆虫标本集中到省内，上万个或更多个标本盒堆放在一个房间内，要想看哪个县的标本，你只有去翻吧！还要打开盒盖才能看到。写明“县名”就省事多了。

某某科，如天牛科；几盒，天牛科（一）、（二）……；大小、天牛科（大型或小型）以及鉴定否，如图 49。

标签尽量写详细点，有些种类没有条件鉴定到科，那看是哪个目，如：鳞翅目，就写：“开化县　小蛾类（一）”，如是鞘翅目，就写“开化县　小甲虫”，以此类推。

标本盒事先贴好了标签，当普查开始、标本做好后，昆虫标本就可以对号入座了。在昆虫标本入盒时，每个标本盒都不要装满，便于以后有同一个种的昆虫标本放在一起，同时，有标签的标本盒一用完，立即补充。这样，整理就省事多了，也减少标本的损失。

假如这个方法作为一个规定，整理不合规定的县上交的标本，是否退回、重新整理后再接收，就看行政单位决定了。

（2）保管：昆虫标本的保管更重要，又是很容易被忽视的问题。普查时间较长，普查中已做好的昆虫标本就放在工作室内，基本上没有特别保管，甚至放在泡沫板上，好多天，有的没有及时取下、上盒。标本落灰、集尘是普遍现象，不小心标本被碰损的事情也时有发生，甚至出现生霉、虫蛀，给以后标本集中贮藏的标本室带来隐患。

图 50　部分生虫的标本盒在熏蒸

如，2005 年春，某县邀请我们去给他们普查中制作的昆虫标本作鉴定，我们刚工作一会儿，就发现昆虫标本已经生虫，这事不解决，一切工作都是白做。于是我们紧急召开座谈会，期间提出好几个方案，最后选定双层塑料袋熏蒸法。

双层塑料袋熏蒸法的做法是：先购买一批大一点塑料袋（大小以放入 6~8 个昆虫标本盒为准）；买农药：(我们提的是甲胺磷——当时它还不是禁药）现在可用磷化铝、磷化锌。

将昆虫标本盒盖打开，滴入 1 滴磷化铝，立即盖好盒盖，放入塑料袋中（视袋的大小放满，能扎口即行）。调转头再放入另一个塑料袋内，封好口，就可以了。将防虫的标本盒，堆放在固定的地点，见图 50。半月后，分批撤袋，一次仅撤 5~6 袋，避免未分解的农药集中放出浓度过高，撤袋时间最好是下午下班前，并开窗。一个月后，标本虫全部杀死。

严重的教训：昆虫标本室规定没有经熏蒸的昆虫标本不能进入标本室。20 世纪 80 年代的森林昆虫普查，某省森防站建立昆虫标本室，近 40 m^2 房间，新购买的柜子，标本进入后，应该属于较完善的昆虫标本室。就是因为是新标本室，各县上交的标本没有熏蒸。没有几年时间，昆虫标本生虫，最后一个好标本也没有留下。这些昆虫标本的虫就是下面上交标本时带来的。2005 年普查，还是这个省林业有害生物防治检疫局，又建立森林昆虫标本室，这次是新大楼、新房间、新式轨道柜子。标本入住前，请专家花了半年多时间对昆虫标本鉴定到种，还是没有按标本室规定办事，标本入住前没有薰蒸，也是没有几年，昆虫标本又生虫，这次是发现得早，将全部标本用汽车运到海关薰蒸。花了多少钱？又用了多少人工。同样的是这些昆虫标本的虫是下面上交标本时带来的。

建议：

A．普查工作的工作室，在工作前应清理一次，杂物等全部搬出。作为制作存放、昆虫标本专用。

B．制作好的昆虫标本不要在塑料板上放太长的时间。工作开始，已将一批标本盒贴上标签，昆虫标本制作干燥后，立即取下、对号入座、装盒，可免日照、落灰、碰损、生虫等。

C．昆虫标本装盒后，要做到有标签的标本盒中装标本和没有装标本的分开堆放；盒子装满和不满分开堆放，昆虫标本盒盖好。除了增放标本、鉴定外，平时不要打开。

D．普查工作完全结束后，不管昆虫标本有没有发现有虫蛀现象，均按上面所说的塑料袋薰蒸方法灭虫一次（除非省内明文规定，标本全部集中到省内后再集中杀虫）。

第二部分

昆虫主要目科简易识别

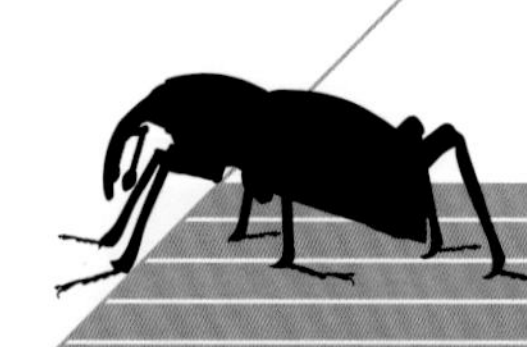

昆虫是动物世界中一个重要群体，必须建立一个分类系统。昆虫是属于节肢动物门下的一个纲，依其血统的亲疏昆虫纲下分为若干目、目下又可分若干科、科下分若干属、属下有若干个种。作者不是昆虫分类方面的专家，无能进入这个分类系统中去；但作者毕竟为林业昆虫在森林中跑了50多年，积累了一点实践知识，又借鉴恩师黄其林先生多年总结的《昆虫简易识别》油印稿，并参阅一些普通昆虫学中分类部分的内容，汇集而成本书，只期望用一个科中最直观的一些特征，将森林中采集到的某科昆虫找到其科的归属。由于作者知识面毕竟有限，书中缺陷一定很多；昆虫种类又太多，任何一本书要能完全解决昆虫识别问题，也是不可能的。同样此书也只是一个简单工具，也不一定完全适用，只希望大家能多关心它，不断完善，盼将来在昆虫方面能有一本更适用的简易识别法。

- 蜻蜓目 Odonata
- 螳螂目 Mantodea
- 等翅目 Isoptera
- 蛸目 Phasmida
- 直翅目 Orthoptera
- 半翅目 Hemiptera
- 同翅目 Homoptera
- 广翅目 Megalotera
- 脉翅目 Neuroptera
- 鞘翅目 Coleoptera
- 双翅目 Diptera
- 鳞翅目 Lepidoptera
- 膜翅目 Hymenoptera

蜻蜓目

Odonata

蜻蜓目昆虫为中到大型个体。成虫体细长，体壁坚硬，色彩艳丽；头大与极细的颈膜相连，可以自由转动；复眼发达，单眼 3 枚；触角短，刚毛状；口器咀嚼式；前胸小，中后胸愈合，翅两对、狭长，膜质透明，前后翅近等长，翅脉网状，有翅结和翅痣。停息时，四翅平伸或直立背上。蜻蜓目属不完全变态，成虫产卵于水面或水生植物上，所谓"蜻蜓点水"，就是成虫产卵，若虫生活于水中，成虫捕食各种昆虫。全球已知 6000 种，中国已知近 800 种。

蜻蜓目简易特征：

- 眼：复眼发达、单眼 3 枚；
- 口器：咀嚼式；
- 触角：极短小，刚毛状；
- 胸：前胸最小，中后胸密切结合；
- 翅：透明，具网状脉，翅前缘有翅结和翅痣；
- 腹：10 节。

蜻蜓目是一类原始的有翅昆虫，各分类专家对分科看法不一，有分 4~5 个科、有分 8~9 个科。蜻蜓不生活于树林中，但林缘低矮杂灌木是其成虫栖息场所，对调济树林的昆虫种群仍起重要作用。在此仅介绍几个种。

箭蜓科 Gomphidae

箭蜓科昆虫体为中到大型，体粗健，复眼上方不相连或远离，前后翅三角室大小、形状相似。

黄小叶箭蜓 *Ictinogomphus pertnax* Selys

蜓　科 Aeschnidae

蜓科昆虫与箭蜓科昆虫很接近，唯复眼上方接触或大部分相连。

黄面蜓 *Aeschna* sp.

箭蜓 *Gomphus abdominalis* Mclach

蜻 科 Libellulidae

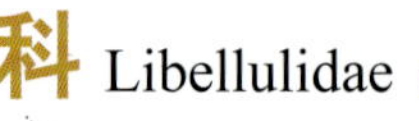
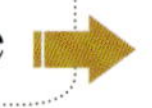

蜻科昆虫后翅大于前翅。两翅的三角室的形状不同，大小也不相等。

玉带蜻 *Pseudothemis zonata* Burmiester

白尾灰蜻 *Orthetrum albistyum* Selys.

螳螂目

Mantodea

螳螂目仅一个科，螳螂科 Mantidae。螳螂为中到大型昆虫，体长而扁。头三角形、较大，不为前胸覆盖，复眼极大、突出，单眼 3 枚，触角丝状、较长，口器咀嚼式。前胸极长，前翅为覆翅，后翅膜质。前足特化呈捕捉式，基节长。成虫、若虫均为捕食性，是重要的天敌昆虫。全球已知近 2400 种，中国已知近 170 种。

广腹螳螂 *Hierodula patellifera* Serville

示螳螂头特征

成虫体长形，具鲜艳斑纹和金属光泽；头略宽于胸，下口式，与体呈垂直位置；复眼大而突出。鞘翅光滑无沟纹或刻点行，后翅发达，能飞行。

成虫正面

若虫

卵囊

中华大刀螂 *Paratenodera sinensis* Saussure

成虫

若虫

卵囊

螳蜂斗（广腹螳螂抓捕到一只胡蜂，胡蜂的尾针已刺入螳螂的腿上）

等翅目

Isoptera

等翅目昆虫为小到中型，体壁柔软，前、后翅的大小、脉序相近而得名。全球已知 2390 种，中国已知 170 种。

等翅目昆虫简易特征：

- 多型昆虫，体小、柔软；
- 链珠状触角；
- 咀嚼式口器；
- 步行足；
- 有翅个体具两对长而薄的大小相近的膜质翅。

等翅目昆虫营群体生活，属社会性昆虫。在一个蚁巢内、生活着无数个体，这些个体分有下列类型：

生殖蚁：又称雄蚁和雌蚁，即蚁王和蚁后，是此白蚁巢的原始建立者。原有翅生殖蚁 1 对落地入土后，雄蚁脱翅，形态没有什么变化，雌蚁脱翅后，腹部极度膨大。

工　蚁：体白色、无翅，大颚正常无眼，生殖器官不发达。

兵　蚁：头大，大颚发达、坚强，余特点与工蚁同。

有翅生殖蚁：若虫发育中出现翅芽，再发育成有翅的、具生殖能力雌雄个体，体色很深，有复眼、单眼。春夏之交飞出交尾，又称婚飞，后每对有翅蚁落入土中，脱去翅，成为新白蚁群的建立者。

童体生殖蚁：翅短或无翅，很似有翅生殖蚁若虫，有生殖能力。

等翅目昆虫在林业上的危害性大小，分争较大，应该说对古树名木、苗圃地内一些幼苗有一定的危害，它主要取食枯死的木材，古树的空洞内、腐朽的木质部是它的最爱，粗大健壮的香樟、外皮很厚，常为蚁提供丰富的食物，风景区大树干上的泥路，是工蚁取、运食物的通道，有说很难看，有说是大自然的美，但泥道经树上的枯枝节疤处也是白蚁取食的食料，能将节疤全部食运而去，这可能是大树空洞的源头。同时，林地内落地枯枝、干，也是白蚁的粮食仓库，所以，白蚁又被称为林地的清道夫。由于普查中，一般不会挖穴、找巢，分科就不说了。

黑翅土白蚁 *Odontotermes formosanus* (Shiraki) 有翅生殖蚁

黄翅大白蚁 *Macrotermes barneyi* Light 有翅生殖蚁

大树白蚁泥道中的工蚁

兵蚁（大个的）与工蚁（小个的）

竹节虫目

（蛸目）Phasmida

竹节虫目仅竹节虫科 Phasmidae 一科。成虫体为中等到大型。体细长呈棒状（杆蛸）或扁平（叶蛸），头前口式，口器咀嚼式，触角线状，复眼小，单眼或无，或2~3枚；前胸短，中后胸长，后胸与腹部第一节常愈合，腹部长；足为步行足，翅有或无，若有则前翅短，在林中若、成虫均少活动，不善飞或不能飞，以爬行为主。以前均介绍以草为食，近年来在栎（栗）林、竹林中危害，已不鲜见，甚至有小片栎林树叶被食尽，或被食大半，造成损失的介绍。全球已知2900种，中国已记载360种。

叶䗛 *Phyllum siccifolium* (Linnaeus)

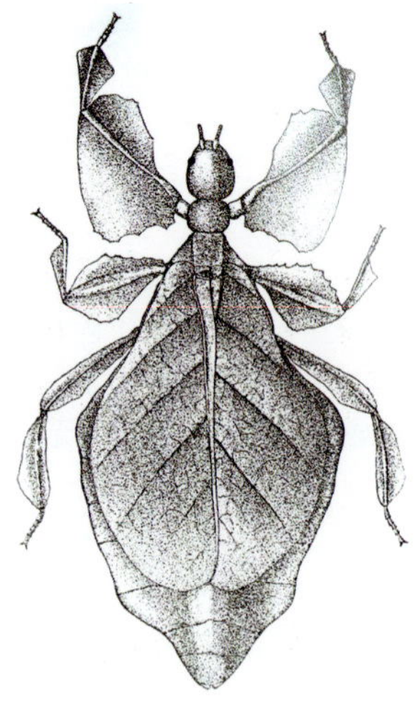

周尧图（仿摄于 2014 年）

瓦腹华枝䗛 *Sinophasma honei* Gunther

竹显尾短肛棒䗛 *Baculum apicalis* Chen et He

若虫

成虫（头、胸部）

直翅目

Orthoptera

直翅目昆虫因前、后翅的纵脉直而得名，前翅窄长，厚、皮革质，覆盖于体上，称覆翅，后翅膜质、大、扇形。全球已知 20000 多种，中国已知近 3000 种。

直翅目昆虫简易特征：

- 触角丝状；
- 复眼发达、单眼 3 枚或缺；
- 口器咀嚼式；
- 前胸背板发达；
- 前翅皮质、较后翅狭，后翅膜质具广大的臀区，静止时藏于前翅下。

蝗 科 Acrididae

直翅目昆虫因前、后翅的纵脉直而得名，前翅窄长，厚、皮革质，覆盖于体上，称覆翅，后翅膜质、大、扇形。全球已知 20000 多种，中国已知近 3000 种。

黄脊竹蝗 *Ceracris kiangsu* Tsai（丝角蝗科）

成虫

卵囊及卵

初孵若虫

三龄若虫

青脊竹蝗 *Ceracris nigricornis* Walker（丝角蝗科）

成虫

若虫

棉蝗（大青蝗）*Chondracris rosea rosea* (De Geer)（丝角蝗科）

成虫

若虫

短翅佛蝗 *Phlaeoba angustidorsis* Bol（剑角蝗科）

成虫

若虫

中华剑角蝗（中华蚱蜢）*Acrida cinerea* (Thunberg)（剑角蝗科）

蝼蛄科 Gryllotalpidae

蝼蛄科昆虫为中型种类。成虫体褐、多毛，触角短于体，前足开掘式；胫节阔、有4齿；跗节基部有2齿，后足腿节不发达。前翅短、后翅长，后翅尖伸出腹外如尾状。蝼蛄在潮湿的土壤中生活。

非洲蝼蛄 *Gryllotapa africana* Palisot de Beauvois

半翅目

Hemiptera

半翅目昆虫为小到大型种类。成虫体常为扁平、坚硬，头可活动，复眼发达，口器刺吸式从头的前端或下方伸出；前翅基半部角质、尖端半部膜质，称为半翅或半鞘翅。常具有臭腺，前胸背板宽大，中胸小盾片发达。全球已知有近 40000 种，中国有近 4500 种。此目中有很多种为重要农、林害虫。少数种类吸血、传染疾病，是卫生害虫，还有些种类捕食其他昆虫，是益虫。

- 触角：丝状、4~5 节；
- 口器：刺吸式，从头的前端或下方伸出；
- 眼：复眼大小因种而异，单眼 2 枚或无；
- 胸：前胸背板宽大，中胸小盾片发达；
- 翅：前翅基半部角质；后翅膜质，停息时平覆于背上；
- 足：步行足。

蝽 科 Pentatomidae

蝽科为中到大型昆虫。成虫体扁平、椭圆或长椭圆形，头小、多为三角形，触角5节，前胸背板近扁六边形，小盾片发达、舌状或三角形，长度超过前翅的爪状部（即两翅合并后，小盾片或多或少地遮盖膜翅部分），臭腺发达。全球已知4700余种，中国已知400余种。大部分种类为植食性，有许多重要的农林害虫。

麻皮蝽（黄斑蝽）*Erthesina fullo* (Thunberg)（正在产卵）

成虫小盾片发达、舌状或三角形，长度超过前翅的爪状部，（双翅合并时、小盾片尖端盖于膜翅上）

竹卵圆蝽 *Hippotiscus dorsalis* (Stål)

成虫

老熟若虫

卵（每卵块为14粒，以7+7交错分两排排列）

竹扁体蝽（薄蝽）*Brachymna tanuis* Stål

成虫

老熟若虫

卵（每个卵块 14 粒，以 3、4、4、3 交错排列）

竹宽缘伊蝽（秉氏蝽）*Aeneria pinchii* Yang（以上是蝽亚科 Pentatominae）

成虫

老熟若虫

卵及初孵若虫

叉蝽 *Cressona valida* Dallas（短喙蝽亚科 Phyllocephalinae）

成虫

老熟若虫

硕蝽 *Eurostus validus* Dallas(荔蝽亚科 Tessaratominae)

益蝽 *Picromerus lewisi* Scott.（益蝽亚科 Asopinae）

成虫正在捕食一鳞翅目幼虫

桑宽盾蝽 *Poecilocoris druraei* (Linnaeus)(盾蝽亚科 Scutellerinae)

华沟盾蝽 *Solenostethium chinense* Stål

缘蝽科 Coreidae

缘蝽科昆虫体狭长，两侧缘近于平行，触角4节，着生于头的两侧较上位置，单眼2枚，前胸背板一般成梯形，侧角不突出或呈刺状，小盾片小，三角形，静止时爪片完全包围小盾片。前翅的膜质部分具有5条以上平行排列的翅脉。全球已知3000种，中国已知300种。

波赭缘蝽 *Ochrochira potanini* Kiritshenko

前胸背板一般成梯形，小盾片小，三角形，静止时爪片完全包围小盾片（即小盾片的尖端达不到前翅膜质部分）

黑竹缘蝽 *Notobitus meleagris* Fabricius

成虫

若虫

卵

稻棘缘蝽 *Cletus punctiger* Dallas

长蝽科 Lygaeidae

长蝽科昆虫为小型种类，少数为中型。体色多为灰暗，亦有红色者，卵圆形或长卵圆形；头短，触角4节、着重偏于头的腹面，复眼正常或大而突出，通常有单眼。前翅膜片上有4~5条不分叉的纵脉，足较短，跗节3节，全球已知4000种，中国已知400种。

竹后刺长蝽 *Pirkimerus japonicus* Hidaka

成虫

在竹腔中的成虫、卵及初孵幼虫

竹巨股长蝽 *Macropes bambusiphilus* Zheng

在竹花中取食的成虫

红蝽科 Pyrrhocoridae

红蝽科昆虫体多为中型个体、少数有大型者，椭圆形，多为鲜红而有黑色斑。触角4节，无单眼（与缘蝽科、长蝽科区别）；植食性。本科种类不多，但林中常见，如油茶林中的直红蝽。

直红蝽 *Pyrrhocoris carduelis* (Stål)

体椭圆形、多为鲜红色，且有黑色斑

小斑红蝽 *Pyrrhocoris cincticollis* (Stål)

猎蝽科 Reduviidae

猎蝽科昆虫体小到大型，多椭圆形，头部尖、长，在眼后细缩如颈，活动自如；复眼突出，喙较粗短，长不到中足基部，常弯曲如弓，不与头下接触，但喙尖端藏于前胸腹板中央的纵沟内，在捕食时喙似弹出，与体呈直线；腹部中段常膨大。绝大多数为捕食其他昆虫，锥猎蝽亚科中一些种类吸食人体和其他动物的血液。全球已知7000种，中国已知420种。

南普猎蝽 *Oncocephalus philippinus* Lethierry

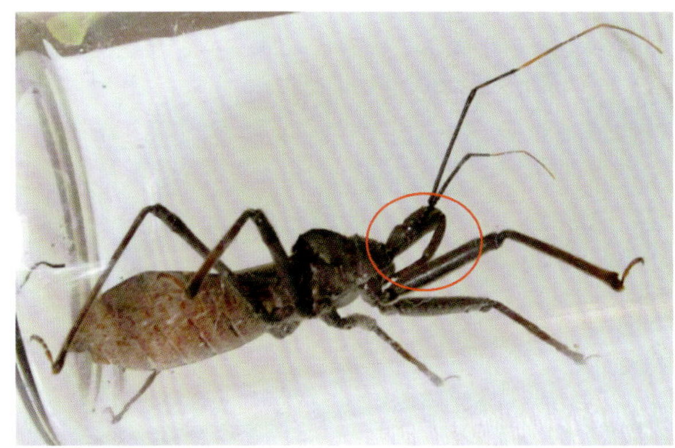

喙较粗短，长不到中足基部，常弯曲如弓，不与头下接触，但喙尖端藏于前胸腹板中央的纵沟内（使喙与头之间形成一个近菱形的空间）

褐菱猎蝽 *Isyndus obscurus* (Dallas)

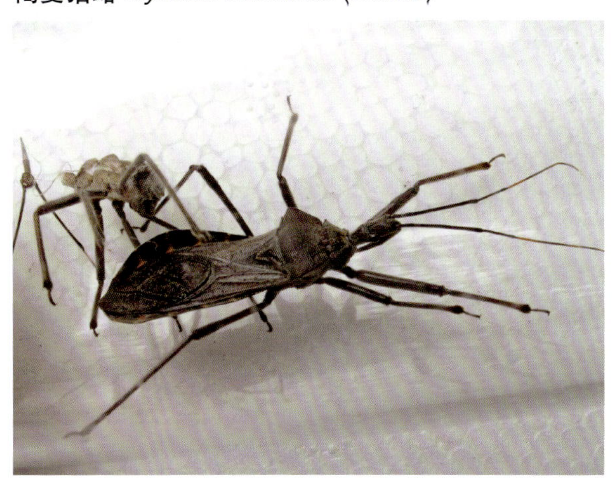

环斑猛猎蝽 *Sphedanolestes impressicollis* (Stål)

成虫（头部尖、长，在眼后细缩如颈，活动自如；复眼突出）

捕食（成虫在捕食时喙似弹出，与体呈直线）

红缘猛猎蝽 *Sphedanolestes gularis* Hisao

同翅目

Homoptera

同翅目昆虫是前后翅质地均一，前翅膜质或皮革质停息时呈屋脊状覆盖于体背，有些种类翅短或无翅。触角丝状或刚毛状，刺吸式口器从头的后方伸出，均为植食性，以刺吸式中器吸食植物汁液，很多种类是重要的农、林害虫，该目是较大的一个目，全球已知有50000种。中国已记载7000多种。

该目简易特征为：

- 眼：复眼发达，单眼2~3枚；
- 触角：触角丝状或刚毛状，3~11节；
- 口器：刺吸式，从头的后方伸出；
- 胸部：前胸发达、前后翅质地一致，多为膜质或前翅略有革质化，静止时翅呈屋脊状覆于体上；
- 腹部：9~11节。

黑翅红蝉（红娘子） *Huechys sanguiea* (De Geer.)

前后翅质地均一，前翅膜质或皮革质停息时呈屋脊状覆盖于体背。触角丝状或刚毛状，刺吸式口器从头的后方伸出。

成虫正面

成虫腹面

蝉　科 Cicadidae

蝉科昆虫个体较大，复眼大而突出，单眼3枚相互靠近；触角刚毛状或鬃状，前足腿节变粗，常具齿或刺，后足腿节细长，不会弹跳，雄性多数具发音器。

中国红眼蝉 *Talainga chinensis* Distant

复眼大而突出，单眼3枚相互靠近；触角刚毛状或鬃状，前足腿节变粗，常具齿或刺，后足腿节细长。

黑蚱蝉 *Cryptotympana atrata* Fabricius

蟪蛄 *Platyleura kaempferi* (Fab.)

竹蝉 *Platylomia pieli* Kato

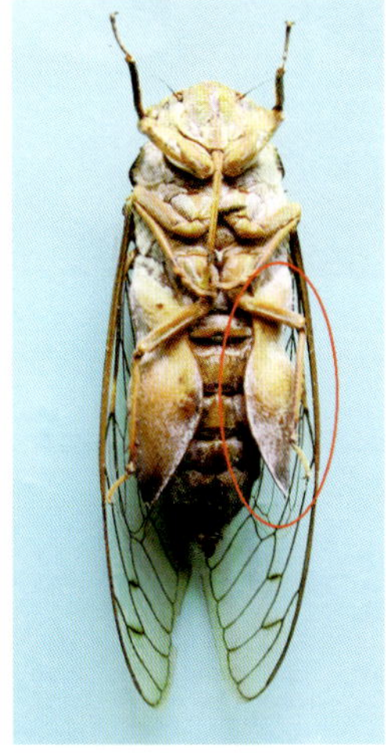
雄虫（示：触角、喙、鸣器）

雌虫

刚从土下挖出的若虫

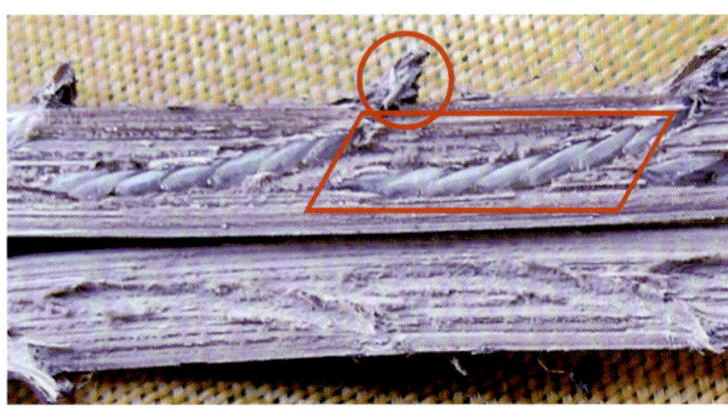
产于竹小枝内的孔突出，每次产卵 6~7 粒

蝉蜕

刚挖出土的竹蝉虫草

生长在林中地面的虫草

生长在林地上的蝉花

刚挖出土的蝉花

叶蝉科 Cicadellidae

叶蝉科昆虫体小到中型。触角刚毛状，复眼大、单眼3枚；前翅革质，后翅膜质；后足基节横形达腹板侧缘，胫节有棱脊，上生有3~4列刺状毛，后足胫节上刺毛列是叶蝉科最显著鉴别特征。全球已知20000种，中国已知2000种，是同翅目中最大的科。成、若虫均在植物叶片上取食，有些种类传播植物病毒，是农林植物重要害虫。

叶蝉

大青叶蝉 *Tettigoniella viridis* (Linnaeus)

黑尾大叶蝉 *Bothrogonia ferruginea* (Fabricius)

成虫

若虫腹面（示后足胫节上的刺）

幼虫背面

沫蝉科 Cercopidae

沫蝉科昆虫为小到中型个体，多数成虫在额顶两复眼间有单眼2枚，少数或无，触角锥状；前翅革质，后足基节短，不向侧面扩张，胫节有1~2枚侧刺，端部膨大，有1群刺。幼虫能分泌泡沫。全球已知1000种，中国已知100种。

隆沫蝉 *Cosmoscarta* sp.

后足基节短，不向侧面扩张，胫节有1~2枚侧刺，端部膨大，有1群刺

竹尖胸沫蝉 *Phrophora borizontalis* Kat.

成虫

若虫

红背隆沫蝉 *Cosmoscarta bispecularis* White

角蝉科 Membracidae

角蝉科昆虫为小型、少数中型个体，头与体呈垂直位置，单眼2枚置于复眼间，触角鬃状；成虫前胸极发达，有各种畸形的延长或延伸物，向前可遮盖头部，向上延伸可见分叉，向后可遮盖中胸甚至腹部。全球已知3000种，中国已知300种。

屈角蝉 *Anchon* sp.

成虫前胸极发达，有各种畸形的延长或延伸物，向前可遮盖头部，向上延伸可见分叉，向后可遮盖中胸甚至腹部

黑圆角蝉 *Gargara genistae* (Fabricius)

黄角蝉 *Orthobelus plavipes* Uhler

蜡蝉科 Fulgoridae

（现在已提升为总科）

蜡蝉科昆虫个体为小到大型，小的体长在 2mm 以上、长者不超过 25mm；复眼突出着生在头的两侧，单眼两枚，着生复眼的下方；触角短，着生在复眼下方；有肩板，中足基节长、左右分离、后足基节不能活动。

斑衣蜡蝉 *Lycorma delicatula* White

有肩板，中足基节长、左右分离、后足基节不能活动

成虫（示：肩板）

龙眼鸡 *Fulgora candelaria* (Linnaeus)

雄成虫

雌成虫

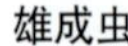

象蜡蝉科 Dictypharidae

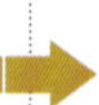

象蜡蝉科昆虫个体为中等类型，头部长度延伸成圆柱形或锥形（其中一个属头顶前方圆形），多为长翅形。

象蜡蝉 *Dictyophara patruelis* Stål

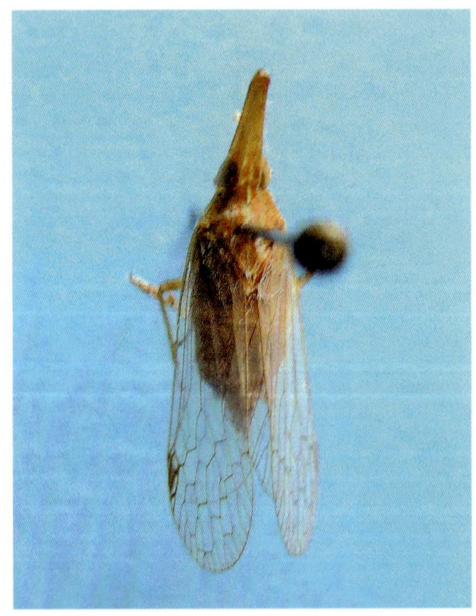

头部长度延伸成圆柱形或锥形（其中一个属头顶前方圆形），多为长翅形

丽象蜡蝉 *Orthopagus splendna* (Germar)

瘤鼻象蜡蝉 *Saigona gibbosa* Matsumura

广蜡蝉科 Ricaniidae

广蜡蝉科体中到大型，与蛾蜡蝉相似，唯体多为黑褐色，头较宽、与前胸背板相似；前胸背板短，中胸盾片大，前翅大，广三角形。

山东广翅蜡蝉 *Ricania shantungensis* Chou et Lu

八点广翅蜡蝉 *Ricania speculum* (Walker)

粉黛广翅蜡蝉 *Ricania pulverosa* Stål

上：静态若虫；中：成虫；下：动态若虫

蛾蜡蝉科 Flatidae

蛾蜡蝉科体中到大型，多黄、绿、白色，是漂亮的蛾形种类，少有暗色的种类。头狭于前胸背板，触角鞭状、不分节，单眼2枚；前胸短阔，中胸盾片大，前翅宽大，后足胫节有1~3枚侧刺。

碧蛾蜡蝉 *Geisha distinctissima* (Walker)

成虫

成虫

褐绿蛾蜡蝉 *Salurnis marginella* (Guerin)

刚羽化的成虫，后面是虫蜕

经用小枝条挑动后才显若虫

油茶枝上一团白色绵絮物——若虫

蚜 科 Aphididae

蚜科昆虫为小型个体，体柔软，复眼明显，触角3~7节，尖端无毛；有翅个体翅2对、透明，翅脉不超过6条；足长，跗节2节，后足不能跳。腹部第五节背面两侧有腹管，尾节有尾片。生活史复杂，以卵越冬，春孵后进行孤雌生殖，产生无翅蚜，数代后需要迁移时，产生有翅蚜迁往第二寄主，再营孤雌生殖。秋后再产生有翅蚜迁回第一寄主产卵越冬。

居竹伪角蚜 *Pseudoregma bambusicola* (Takahashi)

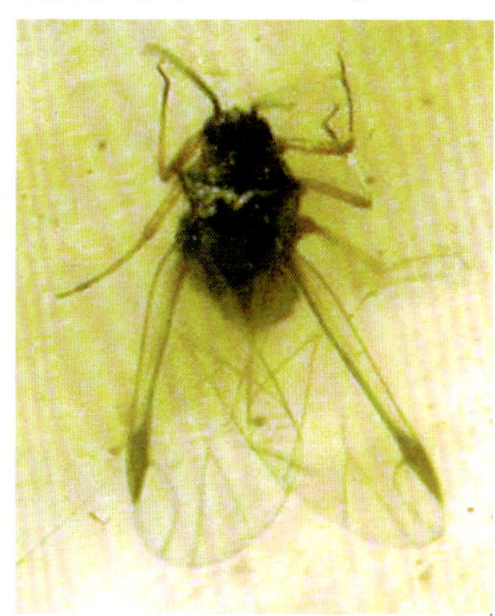

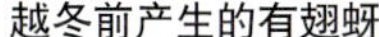

越冬前产生的有翅蚜

在孝顺竹上孤雌生殖的无翅蚜

竹黛蚜 *Melanaphis bambusae* (Fullaway)

竹纵斑蚜 *Takecallis arundinariae* (Essig)

无翅孤雌蚜在竹叶背面取食

有翅孤雌蚜在竹叶背面取食

粉虱科 Aleyrodidae

粉虱科昆虫个体为极小型，雌雄同型，翅上具有白色蜡粉，翅脉极少，胫节尖端有短刺。卵产于叶下，幼虫孵化后，若虫活跃，分散爬行；第一次脱皮后，触角、后足退化。若虫 4 龄，后不再活动，称为蛹壳。

黑刺粉虱 *Aleurocanthus spiniferus* (Quaintance)

蜡蚧科 Coccidae

蜡蚧科昆虫个体为小型，初龄若虫多自由活动，随着发育即固定在寄主植物上，雌成虫为长卵圆形、卵形、球形，有时虫体并不对称，虫体背面体壁不同程度硬化和向上隆起。

红蜡蚧 *Ceroplastes rubens* Maskell

红蜡蚧固定虫体

诱发的煤污病，被害植物叶子全部黑色

粉蚧科 Pseudococcidae

粉蚧科雌成虫体长一般为2~5mm，少有小的为0.5mm、大的到1cm以上；一般为卵形，或有长形两侧近平行者，少数圆形，体背略突或高达半球者。体壁柔软，亦有全部或局部硬化者。雄成虫体纤细，头、胸、腹分明，触角3~10节，多数有翅，生活状态有各种蜡粉或蜡块覆盖。

马蹄囊粉蚧（竹鞘绒粉蚧）*Eriococcus transvorsus* Green

竹白尾安粉蚧（鞘竹粉蚧）
Antonina crawi Cockerel

皱绒粉蚧 *Eriococcus rugosus* Wang

链蚧科 Asterolecaniidae

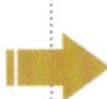

链蚧科雌成虫为卵圆形、梨形或圆形。体背为不同程度地向上隆起，虫体小、体节不明显。雄成虫触角 9~10 节，大部分种类有翅（体各特征需做玻片标本，在显微镜下观察）。

透体竹链蚧 *Bambusaspis delicates* (Green)

若虫

成虫

半球竹链蚧 *Bambusaspis hemisphaerica* (Kuwana)

盾蚧科 Diaspididae

盾蚧科昆虫雌虫一生和雄虫幼期有介壳，介壳上有前几龄若虫脱下的皮成盾状，而得名。盾蚧科是蚧总科中种类最多的一个科，全球已知 2000 余种。

香椿盾蚧

叶线盾蚧 *Kuwanaspis forisus* Wu

竹釉盾蚧 *Unachionaspis bambusae* Cockerell

大者是雌成蚧，
小者是初孵若虫

广翅目

Megalotera

广翅目昆虫体为中到大型，头前口式，触角细长、多节；复眼大而突出；口器咀嚼式，一些种类雄虫大颚特别强大；前胸背板宽大，呈方形式长方形，前翅大、前后翅相似，后翅臀区扩大，前后翅在边缘没有2分叉翅脉（与脉翅目区别），全球已知340种，中国已知140种。

齿蛉科 Corydalidae

东方巨齿蛉 *Acanthacorydalis orientalis* (MacLachlan)

成虫展翅式

卵

成虫自然停息式

前翅大、前后翅相似，后翅臀区扩大，前、后翅在边缘没有2分叉翅脉

脉翅目

Neuroptera

脉翅目昆虫个体为小到大型，头可活动，触角形状多样、以丝状为多、长、多节，口器咀嚼式，复眼大、突出，单眼2~3枚，前胸短，中、后胸分界明显，翅膜质、透明，两对翅形状、大小、翅脉相似，翅脉多在边缘2分叉，跗节5节、爪1对。完全变态，多肉食，是捕食性益虫。全球已知20科5700种，中国已知14科近800种。

该目简易特征为：

口器：咀嚼式；

触角：具各种形状；

眼：复眼大、突出，单眼或有或无；

胸：中胸节与后胸节相似；

腹：腹部10节。

螳蛉科 Mantispidae

成虫正面

成虫侧面，示前足为捕获式

翅膜质、透明，两对翅形状、大小、翅脉相似，翅脉多在边缘2分叉。体似螳螂，体较小，前胸长，前足特化为攫获式，成虫肉食，幼虫寄生在蜘蛛巢内。

褐蛉科 Hemerobiidae

花斑脉褐蛉 *Micromus variegates* (Fabricius)

静止时的成虫

在竹叶上结茧、化蛹

成虫侧面（爬行中的成虫）

蝶角蛉科 Ascalaphidae

体似蜻蜓，触角棒状、似蝶得名。触角长超过体长的二分之一，成虫、幼虫肉食。

黄花蝶角蛉 *Ascalaphus sibicicus* (Linnaeus)

宽完眼蝶角蛉 *Protidricerus elwesi* (MacLachlan)

草蛉科 Chrysopidae

草蛉科昆虫体小、多柔弱、黄色或绿色，触角线状，复眼有金属光泽，翅略短阔，幼虫以蚜虫为食。

大草蛉 *Chrysopa pallens*（Rambur）

鞘翅目

Coleoptera

鞘翅目昆虫其头部、前翅角质、坚硬，似鞘覆盖于体上，颇像古代武士的胄甲，故俗称甲虫。象虫类的头顶向前延伸呈喙状、口器着生在喙部的尖端；复眼变化大，少数土居、穴居种类完全没有复眼；前胸背板发达，中胸仅显小盾片、多为三角形；足多适于爬行，少数适于掘土或游泳的。是昆虫纲第一大目，全球已知约有36万多种，中国已知有28500多种。是农、林植物上重要害虫。该目简易特征为：

- 口器：咀嚼式（或嚼吸式）；
- 复眼：发达，无单眼；
- 触角：11节，形状各异；
- 胸部：前胸发达，中胸仅显三角形的小盾片；
- 翅：前翅角质，称鞘翅，后翅膜质、折叠于前翅下。

鞘翅目代表：星天牛 *Anoplophora chinensis* (Forster)

成虫头部、前翅角质、坚硬，似鞘覆盖于体上，颇像古代武士的胄甲，故俗称甲虫。

虎甲科 Cicindelidae

虎甲科昆虫为中型个体。成虫体长形，具鲜艳斑纹和金属光泽；头略宽于胸、下口式，与体呈垂直位置；触角 11 节，着生于上颚基部上方、两复眼间；复眼大而突出。鞘翅上无沟或刻点行，后翅发达，能飞行。足细长，后足基节膨大。幼虫头部和前胸较体其他部位宽大，第五腹节背面膨大具一对突起，着生 1~3 对倒钩，幼虫土居洞穴中，成、幼虫均为肉食性。全球已知 2000 种，中国已知 120 种。善于捕食小型昆虫。

中华虎甲 *Cicindela chinensis* De Geer

成虫体长形，具鲜艳斑纹和金属光泽；头略宽于胸、下口式，与体呈垂直位置；复眼大而突出。鞘翅光滑无沟纹或刻点行，后翅发达，能飞行。

云纹虎甲 *Cicindela elisae* Motschulsky

步甲科 Carabidae

步甲科昆虫为小到大型个体。成虫体长扁、坚实，颜色多暗淡，头比前胸狭窄，为前口式，与体呈水平位置；触角11节，着生于上颚基部与复眼之间。成虫鞘翅表面具纵沟或刻点行，后翅退化，不能飞行，但善于行走，故称步甲。幼虫多黑色，足长、活跃，成、幼虫均为捕食性，部分种类兼为植食性。全球已知30000种，中国已知1700种。

主步甲 *Carabus* (*Coptolabrus*) *principalis* Bates

成虫体长扁、坚实，颜色多暗淡；头比前胸狭窄，为前口式，与体呈水平位置；成虫鞘翅表面具纵沟或刻点行，后翅退化，不能飞行，但善于行走，故称步甲。

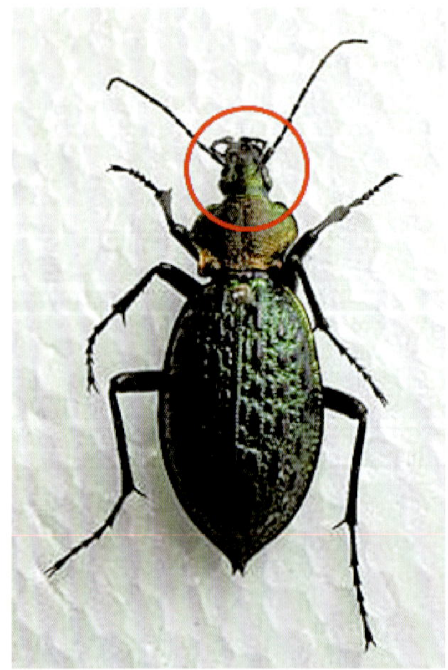

双斑青步甲 *Chlaenius bioculatus* Chaudoir

奇裂跗步甲 *Dischissus mirandus* Bates

金龟科 Scarabaeoidea

金龟科昆虫体粗壮，背面突起，呈卵圆形或略长，触角鳃叶状、8~11节，末端3~7节侧向膨大呈鳃叶状；前足胫节臌大、扁形，外侧具齿，跗节5节。完全变态，食性差别大，有取食粪便或腐烂植物、尸体；有食植物根部，成虫取食树木叶片，特别是夏日晴天傍晚，集中、群聚取食，一晚能将被害树叶全部吃光，造成损失。各家对金龟分类不一，有将金龟、锹甲等归于鳃角甲总科，再将金龟科下分7个亚科；有将金龟提升为总科，下设13个科（为了书的格式统一，这里就不设总科；又为能介绍细点，多刊出照片指出特点，在金龟科下介绍几个亚科）。

金龟科代表：鳃金龟 *Holotrichia* sp.

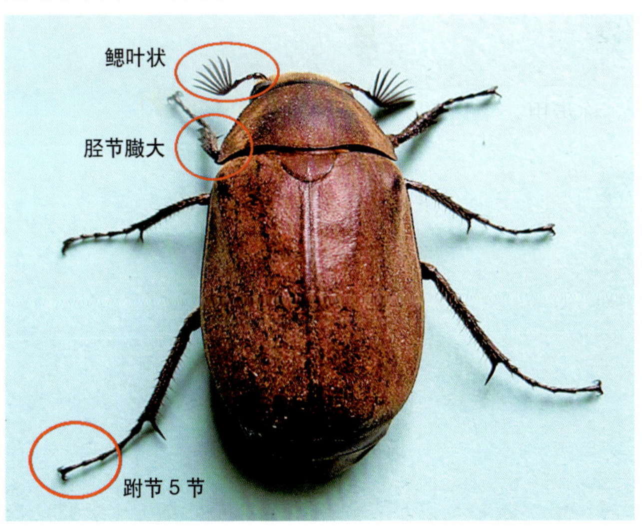

成虫体粗壮，背面突起，呈卵圆形或略长，触角鳃叶状、8~11节，末端3~7节侧向膨大；前足胫节臌大，扁形，外侧具齿，跗节5节。

臂金龟亚科（长臂龟甲亚科）Euchirinae

臂金龟亚科昆虫为极大型种类。成虫雌雄异形，具金属光泽，前足极发达，特别是胫节极长、多齿、刺；跗节5节、次长，分节明显。

阳彩臂金龟 *Cheirotonus jansoni* Jordan

雄成虫

雌成虫

成虫前足极发达，特别是胫节极长、多齿、刺；跗节5节、次长，分节明显。

犀金龟亚科 Dynastinae

犀金龟亚科昆虫为中到极大型种类，雌雄异型，在头与前胸有发达的叉状突起，上颚发达，上唇退化。

双叉犀金龟（独角仙）*Allomyrina dichotoma* (Linnaeus)

成虫背面（叶碧欢 摄）

成虫侧面

在双叉犀金龟中，常常出现单叉犀金龟，是否是一个种，尚待查。

在浙江省以食用笋为主经营的早竹林，为了早出笋，竹农在秋后、冬前对林地进行整理、施肥、加盖 20cm 厚的稻壳（砻糠）保湿、保温。竹林在春节前、后即可出笋，供应市场，以获取最大的经济效益。竹笋收获后，再将稻壳集中堆集在林中或林缘的空地上。人们没有想到，有大量的犀金龟飞来在稻壳堆中产卵，幼虫取食量很大，生长很快，因幼虫多，稻壳消耗也很快，$1m^2$ 稻壳中最多能查出 30~45 条或更多的幼虫。老熟幼虫体长达 8~10cm，粪便瓜子形、黑色，长达 1 cm，干后很硬，似石子，经多次测定 pH 值为 5，酸性。所以经数年覆盖后，竹林土壤板结，酸性，竹林衰败，连蚯蚓也不能生存。最后加施生石灰来改良土壤。

雄成虫

雌成虫

在稻壳中的老熟幼虫粪便

老熟幼虫

鳃金龟亚科 Melolonthinae

鳃金龟亚科昆虫为小到大型种类。触角 8~10 节，后足跗节的爪为两分叉、大小相等，腹部仅 1 对气门露出鞘翅边缘。全球已记载 9000 种，中国已知约 500 种。是农、林、果业重要害虫。

鳃金龟代表：台云鳃金龟

成虫侧面

成虫后足跗节的 1 对爪大小相等，均为两分叉，腹部仅 1 对气门露出鞘翅边缘。

台云鳃金龟 *Polyphylla formosana* Nelk

雄成虫

雌成虫

茶粉白鳃金龟 *Cyphochilus farinosus* Waterhouse

鲜黄鳃金龟 *Metabolus tumidifons* Fairmaire

江南大黑鳃金龟 *Holotrichia gebleri* (Fald)

丽金龟亚科 Rutelinae

丽金龟亚科昆虫体常具有金属光泽。后足跗节的爪1对，外侧的爪较粗大，内侧爪较细短。腹部气门3个在侧膜上，3个在腹板上，腹部末端略露。全球3000种，中国已知400种。

铜绿丽金龟 *Anomala corpulenta* Motschulsky

成虫具有金属光泽。后足跗节的爪1对，外边的爪粗大，内爪较细短。腹部气门3个在侧膜上、3个在腹板上，以前、中胸间和腹末两个气门明显；腹部末端略露。

中喙丽金龟 *Adoretus sinicus* Burmeister

大绿异丽金龟 *Anomala cupripes* (Hope)

黄边异丽金龟 *Anomala aulax* Wiedman

花金龟亚科 Cetoniinae

花金龟亚科昆虫个体艳丽，有花斑纹或粉层。成虫上颚极小、上唇退化或膜质，适于取食柔软物质或液体物。鞘翅外缘、在肩后有较深的明显的或不很明显的浅凹陷，中胸腹板有圆形突出物向前伸出。成虫日间活动，多在花间寻获。全球已知2640种，中国已知200余种。

斑青花金龟 *Oxycetonia bealiae* (Gory et Percheron)

成虫正面

成虫半侧面

成虫在肩后有较深的明显的或不很明显的浅凹陷。

白星花金龟 *Protaetia* (Liocola) *brevitarsis* (Lewis)

黄粉鹿花金龟 *Dicranocephalus wallichi bourgoini* Pouir

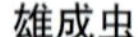

雄成虫

雌成虫

锹甲科 Lucanidae

锹甲科昆虫为中到大型个体。成虫体长形、突出或极突，两侧不完全平行；雌、雄成虫体型相差很大，雄虫上颚特别发达，雌虫上颚较小，触角膝状、锤状部极小；中胸腹板短、后胸腹板大；翅鞘无纵沟、完全覆盖腹部，成虫趋光性强。幼虫体粗肥，足长，腐食性，喜食朽木、有的种或危害柑橘。全球已知 800 余种，中国已知 150 种。

巨锯锹甲 *Serroflnathus titanus* Boiscuval

雄成虫

雌成虫

成虫体长形、突出或极突，两侧不完全平行；雌、雄成虫体型相差很大，雄虫上颚特别发达，雌虫上颚较小，触角膝状、锤状部极小；中胸腹板短、后胸腹板大；翅鞘无纵沟、完全覆盖腹部。

芫菁科 Meloidae

芫菁科昆虫为中等个体。成虫头宽于前胸，下口式，颈狭，触角丝状或锯齿状，鞘翅柔软，足长。幼虫以直翅目和膜翅目昆虫卵为食，成虫取食豆科植物。芫菁是是重要的药用昆虫，成虫体内含有斑蝥素，可治疗癌症，特别是对肝癌的疗效更好。芫菁成虫的分泌物对人的皮肤有强烈的刺激作用，轻者皮肤如火炙、重者引起水肿。全球已知 2500 种、中国已知 130 种。

眼斑芫菁 *Mylabris cichorii* Linn.

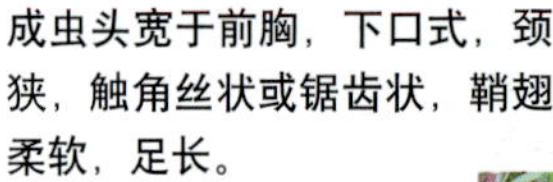

成虫头宽于前胸，下口式，颈狭，触角丝状或锯齿状，鞘翅柔软，足长。

红头芫菁 *Epicauta ruficeps* Illiger

2005 年在丽水，一竹林地边，成群的芫菁在草下寻食

吉丁甲科 Buprestidae

吉丁甲科昆虫为小到中型种类。成虫体较长，色彩艳丽、部分种类具光彩夺目的金属光泽；头为下口式，触角多为锯齿状，11 节，前胸背板往往宽大于长，前胸与中后胸紧密结合，前胸腹板刺突起、扁平，不能活动。幼虫体长、扁平；头小，略缩入前胸，前胸很大，特别是中间到后缘更显，使幼虫呈棒状，前胸背板常有 1 倒 "V" 形中沟。幼虫钻蛀树木枝条或根部，是林木、果树重要害虫，全球已知 13000 种，中国已知近 500 种。

日本松吉丁 *Chlcophora japonic* Goey

成虫正面

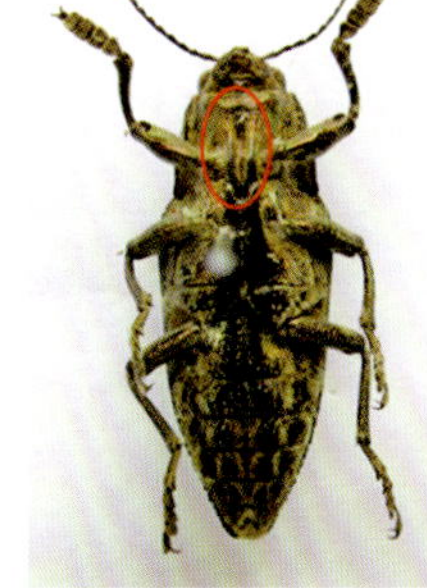
成虫腹面

成虫前胸与中后胸紧密结合，前胸腹板刺突起、扁平，不能活动。

杜英六星吉丁 *Chrysobothris succedanea* Saunders

成虫正面 （徐国行摄）

成虫腹面

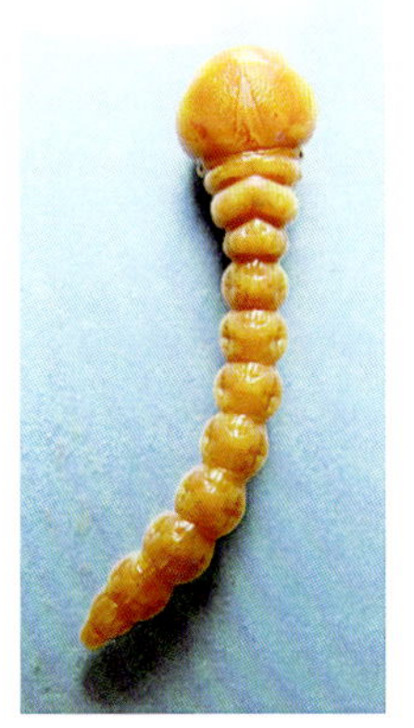
幼虫

叩甲科 Elateridae

叩甲科昆虫为小到中型个体。成虫体狭长、两侧近平行，色多暗淡，触角锯齿状或线状；前胸背板长大于宽，少数或长宽相等，后缘延长成尖角状，前胸腹板的刺状突起不扁平，嵌入中胸的凹槽内，前胸与中、后胸的结合疏松，可以活动，手压鞘翅能叩头，背部向下能弹跳。幼虫细长、圆柱形、黄褐色，故名金针虫，生活在土壤中，是重要的苗圃地害虫。幼虫全球10000种，中国已知700余种。

松丽叩甲 *Campsosternus auratus* (Drery)

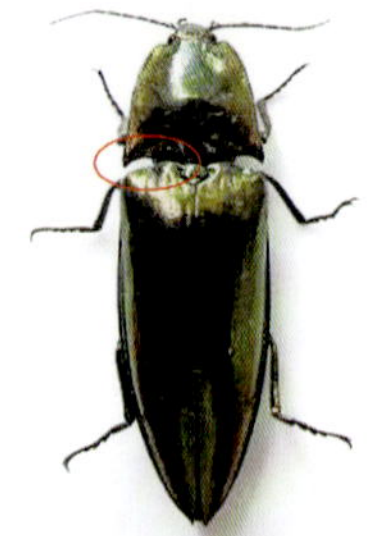

成虫正面

成虫腹面

成虫半侧面

成虫体狭长、两侧近平行，前胸后缘延长成尖角状（见成虫正面），前胸与中、后胸的结合疏松，前胸腹板的刺状突起不扁平，嵌入中胸的凹槽内（见成虫腹面和半侧面）。

莱氏猛叩甲 *Tetrigus lewisi* Candeze

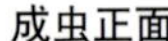

成虫正面

幼虫

莱氏猛叩甲幼虫猛追松墨天牛幼虫

猛叩甲幼虫暴食天牛幼虫，不到 1 小时，天牛幼虫被食大半

筛胸梳爪叩甲 *Melanotus cribricollis*（Faldermann）

停息在竹叶上的成虫

刚在土茧内化的蛹

正在取食竹笋的幼虫

木棉梳爪叩甲 *Pectocera fortunei* Candeze

瓢虫科 Coccinellidae

瓢虫科昆虫为中等个体。成虫体突出为半球形，极少数为长卵圆形；前胸背板覆盖头的后半部分；触角 11 节，亦有极少数为 8~10 节，棒状。多数个体色彩鲜艳，有斑点。鞘翅缘折发达。幼虫多为捕食性，体柔软足细长，幼虫和蛹体背各节有瘤状突起和刺。全球已知 6000 种，中国已知 700 余种。

龟纹瓢虫 *Propylea japonica* (Thunberg)

在油茶果面寻食的成虫（刘剑摄）

成虫体突出为半球形；前胸背板覆盖头的后半部分，触角棒状，11 节，亦有极少数为 8~10 节。多数个体色彩鲜艳，有斑点。鞘翅缘折发达。

异色瓢虫 *Harmonia axyridis* (Pallas)

红点唇瓢虫 *Chilocrus kuwanae* Silvestri

红星盘瓢虫 *Phrynocaria congener* (Billberg)

刚从蛹中羽化的成虫

在林地中植物上只要有蚜虫群聚，随之瓢虫也会群聚

天牛科 Cerembycidae

天牛科昆虫为小(最小只有4mm)到大型(最大的长70mm)个体。成虫体长形，前头倾斜或垂直，触角着生在突起的触角基瘤上，常较体为长、少数只稍长于体的2/3，线状或锯齿状，第二节特短；复眼肾脏形，常环绕触角基部，甚至将触角包围或略有细缝。前胸背板发达，两侧常有齿状刺突，翅鞘常具绒毛，胫节有距，后足基节横置，腹板可见5节、有时为6节。幼虫体长形，白色；头小、圆，大颚大，胸部粗大，并覆盖头大部，足极小或无足，腹部背、腹面常具步泡突，第九节具1对尾突。均为植食性，大多数钻蛀木材，全球已知有25000种，中国记录超过3600种，幼虫钻蛀性危害，是林木、果树、花木的重要害虫。

棟星天牛 *Anoplo phora* (Hope)

触角着生在突起的触角基瘤上，常较体为长，少数只稍长于体的2/3，线状或锯齿状，第二节特短；复眼肾脏形，常环绕触角基部，甚至将触角包围，或略有细缝。

松墨天牛 *Monochamus alterrnatus* Hope

成虫

蛹背面

幼虫

蛹侧面

黑跗眼天牛（蓝翅天牛）*Bacchisa atritarsis* (Pic)

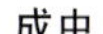
成虫

成虫产卵痕

危害一圈后，幼虫蛀入木质部危害，上部枝条枯死，但不会断，因幼虫斜行危害，有部分枝、皮仍连着

幼虫皮下环状危害蛀道（下方红色椭圆圈）和木质部上下危害蛀道（上方红色长方形圈）

幼虫环状危害，示上：产卵孔（初孵幼虫从下方蛀入）；中：新排粪孔；下：老排粪孔（初孵幼虫蛀入后斜行向下在皮层间取食，表皮外突出，绕行危害一周，再回头危害至中间红圈处，蛀入枝内取食）

幼虫蛀大枝，在蛀道中危害

蓝翅天牛多危害油茶枝条或较粗的枝条，危害这么大山茶树是很少见的（黄照岗　摄）

蓝丽天牛 *Rosalia coelestis* Semenov

白缝马天牛 *Hippocephala suturalis* Aurivillius

成虫正面（2005 年在丽水旱竹林中采到一对成虫）

2006 年在广东怀集茶杆竹林林缘捕捉到一对正在交尾的白缝马天牛

竹红天牛 *Purpuricenus temminckii* G.-M.

竹绿虎天牛 *Chlorophorus annularis* (Fabricius)

成虫

幼虫

蛹

叶甲科 Chrysomelidae

叶甲科个体为小到中型昆虫。成虫椭圆形，触角11节（不着生在突起的触角基瘤上）、形状变化大，常见有丝状，或有棒状、锯齿状，甚至念珠状。长度不到体长的一半，第二节正常、不特别短（与天牛科区别）。复眼圆形，不包围触角的基部，体背面光滑，色泽鲜艳或常有金属光泽；鞘翅完全覆盖腹部，很少数腹末外露，腹部腹面可见5节。全变态，成、幼虫均为植食性，成虫取食植物叶片、花，幼虫取食叶片、根和蛀茎。全球已知26000种，中国已知1500种。很多为农、林业重要害虫。

葡萄十星叶甲（十星瓢萤叶甲）*Oides decempunctatus* (Billberg)

成虫椭圆形，触角11节，常见有丝状。长度不到体长的一半，第二节正常、不特别短。复眼圆形，不包围触角的基部。

黑额光叶甲 *Smaragdina nigrifrons* (Hope)（肖叶甲科）

膨胸卷叶甲 *Leptispa godwini* Baly

在卷叶中危害的成虫

在卷叶中群聚取食的幼虫

老熟幼虫在卷叶中化蛹并羽化成虫

孝顺竹竹叶被害状

中华叶甲 *Basiprionota chinensis* Fabricius

正在交尾的成虫

在泡桐叶上取食的幼虫

叉趾铁甲 *Dactyispa* sp.

纤负泥虫 *Lilioceris egena* (Weise)

象甲科 Curculionidae

象甲科昆虫为小到大型个体。头向前延伸形成明显的喙，口器位于喙的顶端；触角大多为膝状，少数为棒状，10~12 节，转节长或很长，末端 3 节膨大呈棒状；鞘翅一般覆盖于腹末，后翅发达或退化。腹部腹板可见 5 节。幼虫体柔软，无足。成、幼虫均为植食性。全球已知 60000 种，中国已知 6000 种。有很多种为农、林业及贮粮害虫。

竹笋长足象（又名笋横锥大象）*Cyrtotrachelus buqueti* Guerin-Meneville

正在挖产卵穴的雌成虫

正在取食的雄成虫受惊拔出喙

老熟幼虫离开被害笋待入土结茧

幼虫在土中已化蛹

青皮竹笋上的产卵穴外观

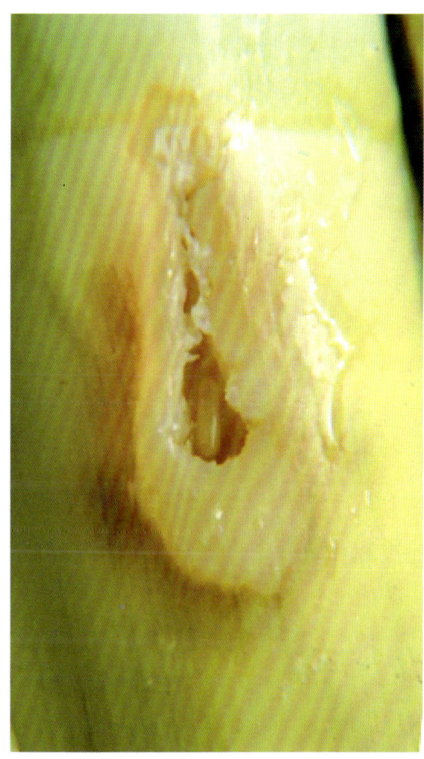
在笋肉的卵床上的卵

一字竹笋象 *Otidognathus davidis* (Fairmaire)

在竹笋上取食的成虫

产于笋肉上的卵

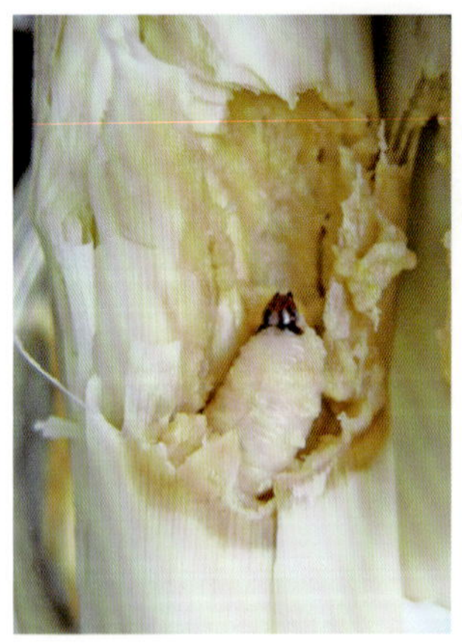
在竹笋中取食的幼虫

老熟幼虫蛀咬出笋要落地结茧化蛹

蛹与茧

被害竹笋成竹的残象

茶籽象（山茶象）*Curculio chinensis* Chevrolat

成虫爬行在油茶枝丛中

成虫在油茶果上取食或产卵

成虫在茶果上取食或钻产卵孔

成虫在油茶叶面上交尾

在油茶籽中蛀食的幼虫

被害的油茶籽及幼虫出果孔

茶丽纹象 *Myllocerinus aurolineatus* Voss

松瘤象 *Hyposipalus gigaus* Linnaeus

成虫

幼虫

双翅目

Diptera

双翅目昆虫为小到大型个体，头部能活动，仅具有一对前翅，为膜质，后翅特化成平衡棍。口器为刺吸式、刮吸式和舐吸式，触角为丝状、短角状和芒状。属完全变态，幼虫无足或蛆型。全球已知15万种，中国已记载16000种。有些种类取食植物，是农、林重要害虫，有些种类吸血，是人和动物的卫生害虫和传病媒介，有些种类为捕食和寄生昆虫，对调济昆虫种群起重要作用，该目简易特征：

- 触角：具各种形状；
- 眼：复眼发达，单眼3枚；
- 胸：中胸特别发达；
- 翅：前翅膜质，后翅极小、称做平衡棍；
- 腹：腹部只可见4~5节。

瘿蚊科 Cecidomyiidae

瘿蚊科昆虫为小到微小型种类，体纤细，头小、不发达，无单眼；触角长、念珠状，雄虫触角节上具环状毛，足细长，翅脉退化，仅有主脉2~3条，无横脉。老熟幼虫前胸腹板上常有"Y"或"T"字形胸骨片，许多种幼虫常有红色或粉红色、黄色或橘黄色的鲜艳色彩，许多种类取食植物。全球已知6100种，中国已知100种。

樟叶瘿蚊

正在脱皮的成虫

樟树嫩叶上不同龄的幼虫

樟树老叶上危害的老熟幼虫

危害状——一个洞就是一条虫

苦竹瘿蚊

成虫在竹上交尾

被危害的新芽

幼虫群聚在被害的芽苞内

食虫虻科 Asilidae

食虫虻科昆虫为中到大型个体。体细长而多刚毛，头大、横置，头顶凹陷，复眼大而突出，胸部粗、足粗长，腹部细长略成锥形，翅狭长，全球已知 7400 种，中国 250 种。

食虫虻 *Machimus* sp.

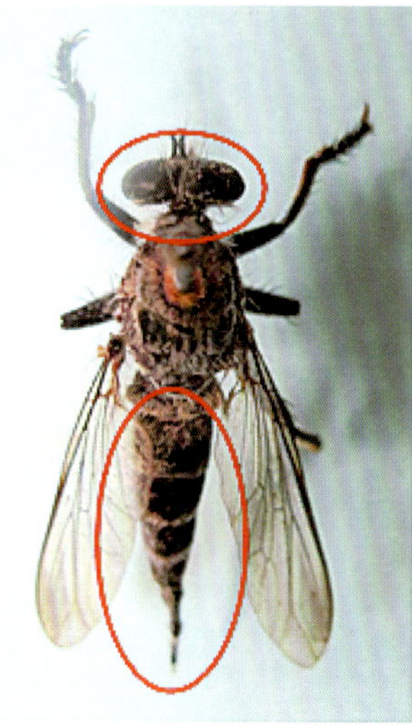

体细长而多刚毛，头大、横置，头顶凹陷，复眼大而突出，胸部粗、足粗长，腹部细长略成锥形。

微芒食虫虻 *Microstyhum* sp.

食蚜蝇科 Syrphidae

食蚜蝇科昆虫体色鲜艳。全球已知6000种，中国已知500余种。

宽带食蚜蝇 *Metasyrphus confrater* (Wiedemann)

成虫

在毛竹杆上化的蛹

幼虫（示：左红圈为蝇取食后留下的蚜虫壳；右红圈蝇幼虫口吻正刺入蚜虫体内吸食）

老熟幼虫

黄潜蝇科 Chloropidae

黄潜蝇科昆虫单眼三角区大，明显，触角芒裸(即触角芒状，无毛)，第五脉（M_3+Cu_1）在近中室中央处有一弯曲。

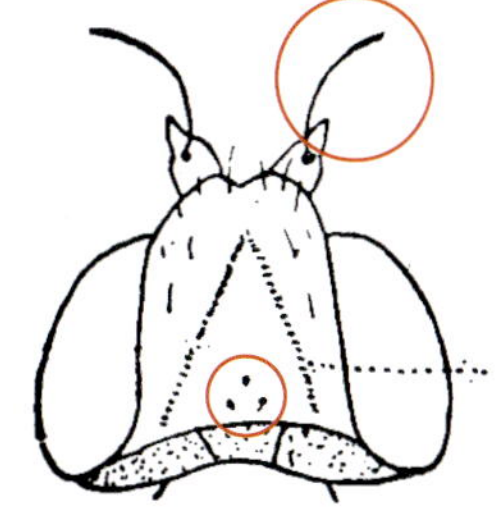

单眼三角区大，触角芒裸

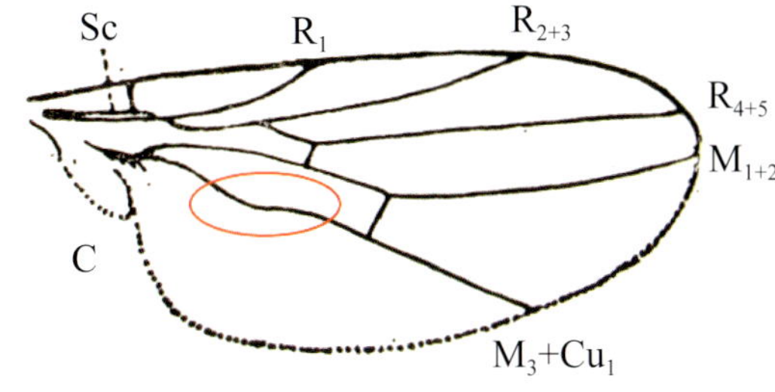

弯曲处(仿李鸿兴等)

一点突额杆蝇 *Terusa frontata*（Becker）

危害状

成虫

蛀食于竹叶小柄中的幼虫

茎蝇科 Psilidae

茎蝇科昆虫单眼三角区大。触角第三节卵圆形或极长。

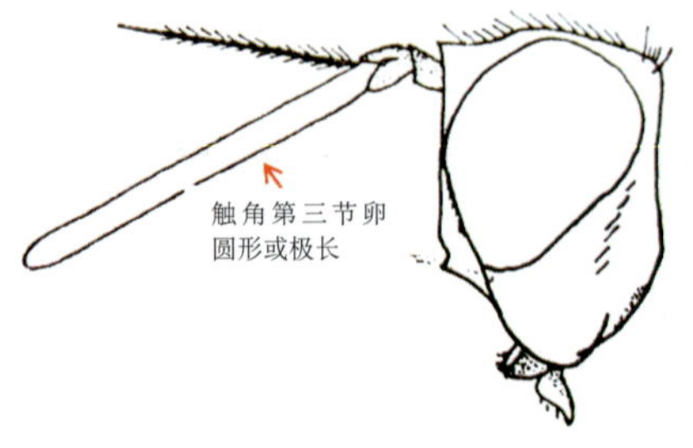

触角第三节卵圆形或极长（仿李鸿兴等）

笋绒茎蝇 *Chyiiza bambusae* Yang et Wang

成虫

在竹根内化蛹

幼虫在笋根中取食

花蝇科 Anthomyiidae

花蝇科昆虫为小型个体，其成虫的科的特征已没有办法简易识别，据范滋德先生中国经济昆虫志《花蝇科》中介绍的特征为：(1) 肘臀合脉绝大多数抵达翅缘；(2) 多数属在小盾端的下方中部有直立纤毛，少数缺；(3) 背中鬃绝大多数为 2+3；(4) 前胸侧板中央凹陷、基腹片、翅侧片、下侧片通常全裸；(5) 雄第六背板常隐蔽第五背板下；(6) 多数属雄性额狭、雌性额宽；(7) 腹部第 1~2 节背板愈合成第 1~2 合背板，接合缝不显。

毛笋泉蝇 *Pegomya phyllostachys* Fan

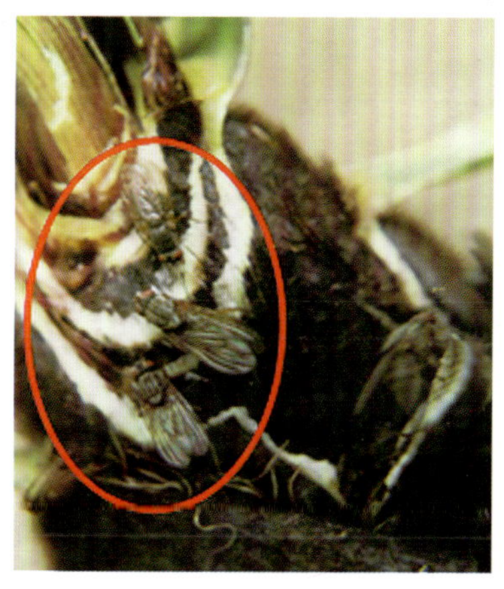

成虫在笋上伤口处取食（成虫趋味性强）

竹笋被幼虫取食后腐烂

寄蝇科 Tachinidae

寄蝇科昆虫个体为小到中型，多毛，有斑纹，触角芒多光裸，中胸后小盾片显著，腹部各腹板突出被背板盖住，腹部有许多粗大的鬃。全球已知 9600 种以上，中国已知 1100 种。

岛洪狭颊寄蝇 *Carcelia shimai* Chao et Liang

成虫

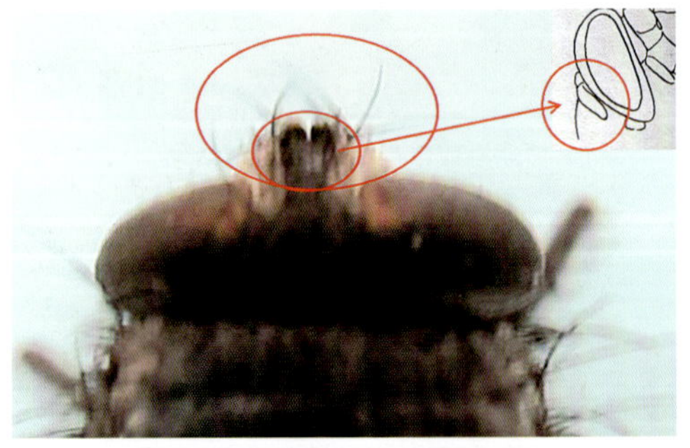

成虫头部：小红圈示触角、大红圈示触角上的单根光裸的触角芒；右上角为黑白简图，红圈内为触角与单根光裸的触角芒

鳞翅目

Lepidoptera

鳞翅目昆虫以体、翅面和足等布满鳞片而得名，幼虫为多足型，属完全变态，有蛹。全球已记载16万多种；中国已知近2万多种。大多为农林害虫。

鳞翅目简易特征为：

- 触角：为丝状、梳状（羽状、栉齿状）、棒状；
- 眼：复眼发达，单眼或有或无；
- 口器：吸收式（虹吸式）；
- 胸部：中胸节极大；
- 翅：两对，膜质具鳞片；
- 腹部：10节。

鳞翅目分类各家不一，有分为2个亚目、有分5个亚目，甚至有分8个亚目。作为简易识别，在此简单地将其分为两类，即蛾类与蝶类。

蛾类：成虫触角丝状、羽状或栉齿状。在其自然停息时，大多数蛾类昆虫将前、后翅自然覆盖于体上；亦有部分将前、后翅自然平铺。如：舟蛾科的竹拟皮舟蛾；天蚕蛾科的水青蛾；尺蛾科的代表铅灰金星尺蛾。

水青蛾 *Actias selene gpoana* Felder

铅灰金星尺蛾 *Abraxas plumbeata* Cockerell

前后翅自然平铺

竹拟皮舟蛾 *Besaia anaemica* (Leech)

自然停息时，大多数蛾类昆虫将前、后翅自然覆盖于体上

蝶类：成虫触角棒状；在其自然停息时，绝大多数蝶类昆虫为四翅合并竖立于背面，翅腹面向外。如：眼蝶科的竹连纹黛眼蝶。

竹连纹黛眼蝶 *Lethe syrcis* Hewitson

自然停息时，绝大多数蝶类昆虫为四翅合并、竖立于背面，翅腹面向外。

蝙蝠蛾科 Hepialidae

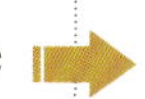

蝙蝠蛾科昆虫为大型蛾类。成虫头小，触角特短，线状或深栉齿状，无喙，仅留有痕迹，单眼小或退化；前、后翅均狭长，缘毛短，脉型相似，飞行迅速；足胫节无距。幼虫圆筒形，体长，营隐蔽生活，蛀食树干下部或根，全球已知600余种。有些种类是重要蛀干害虫。

疖蝙蛾 *Phassus nodus* Chu et Wang

成虫正面

成虫腹面

浙江栉蝠蛾 *Bipecctilus zhejiangensis* Wang

成虫自然停息状

展翅成虫

幼虫取食竹笋

老熟幼虫

在被害笋附近土下结茧

蛹

一点蝙蛾 *Phassus sinifer sinensis* Moore

一点蝙蛾幼虫蛀孔外用丝、粪便、木屑织成的遮盖苞（红圈内示新排粪便）

揭开盖苞、现透气、排粪孔

袋蛾科（蓑蛾科）Psychidae

袋蛾科昆虫为小到中型蛾类。雄虫高度特化，头部有毛丛，无单眼，无喙，下唇须很短，触角为深双栉齿状。具翅，翅具稀疏的毛和不完全的鳞片、几乎无斑纹，飞行迅速；雌虫高度退化。无翅，因种不同，退化不一。退化最甚的是触角、口器及足均缺，呈蛆状。幼虫、蛹及雌成虫均在巢（袋）内生活。雄成虫飞行至袋囊下端交尾，雌成虫将卵产于袋囊内。常以幼虫袋囊的外形来作为种类鉴别的依据。全球已知约有1000余种，大多为林业、平原绿化行道树害虫。

大（窠）袋蛾 *Clania variegate* Snellen

雄成虫（触角为深双栉齿状，翅具稀疏的毛和不完全的鳞片，几乎无斑纹）

雌成虫（高度退化，触角、口器及足均缺，呈蛆状）

雌幼虫

雄成虫袋囊及雄虫羽化留下的蛹蜕
仿《林木病虫防治手册》

茶袋蛾 *Clania minuscula* Butler

雄成虫

雄幼虫及袋囊

雌蛹及袋囊

雌蛹

白囊袋蛾 *Chalioides kondonis* Matsumura

雄成虫

雄虫袋囊及雄蛹蜕

碧皑袋蛾 *Acanthoecia bipars* Walker 雄成虫

举肢蛾科 Heliolinidae

举肢蛾科昆虫为小型蛾类。成虫眼小，触角与前翅接近等长，翅狭长而尖，披针形或线形，翅脉常退化；后足胫节和跗节具环状刺，栖息时后足上举竖立于身体两侧，高过翅膀，而得名。全球已知500余种。幼虫有植食性和捕食性；植食性幼虫蛀果、潜叶危害；捕食性幼虫以捕食小同翅目害虫为生。

食蚜举肢蛾（学名待定）

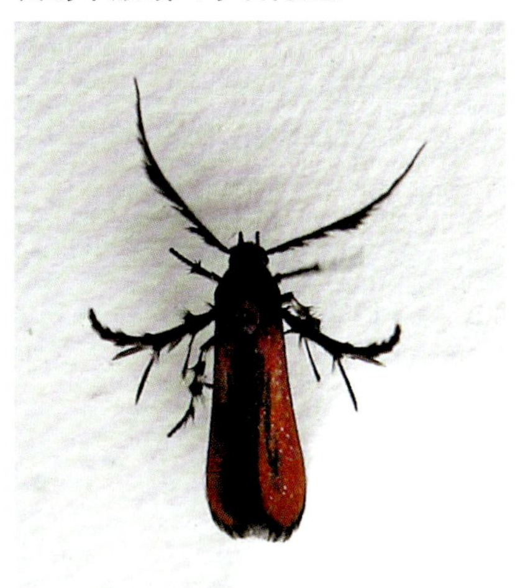

幼虫为捕食居竹伪角蚜

在蚜虫危害竹上结的越冬茧

刚羽化成虫

从茧中剥出的蛹（背面、前侧面）

幼虫

巢蛾科 Yponomeutidae

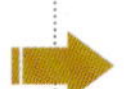

巢蛾科昆虫为小到中型蛾类。成虫头部鳞片平滑或在前方具毛丛；复眼略突，单眼小或缺，触角与前翅等长或略短，前翅似不等的棱形，翅基到翅中等宽或大部分基部略狭，前缘近顶角急骤下滑，使与外缘组成近等腰三角形，后翅常为长卵圆形、披针形，边缘具短毛或长毛，后足胫节常光滑。全球已知 1000 余种。幼虫常在叶上或枝上做小网，群集网中危害。

黄斑巢蛾 *Antcrates tridelta* Meyrick

成虫触角与前翅等长或略短，前翅似长方形或不等样的棱形，翅基到翅中等宽或大部翅基部略狭，前缘近顶角急骤下滑，使与外缘组成近等腰三角形

稠李巢蛾 *Yponomeuta evonymellus* (Linnaeus)

织蛾科 Oecophoridae

织蛾科昆虫个体为小到中型蛾类。成虫体常呈褐色，头部光滑或具鳞片，下唇须上曲长呈镰刀状；触角长为前翅的3/5，亦有的长过前翅，基部具栉齿状毛，少数不发达或缺。下唇须长，向上弯曲超过头顶。前翅顶角椭圆形，有的种类常具簇状毛。后翅不宽于前翅；后足胫节具粗毛。幼虫常缀叶、卷叶或蛀干危害。全球已知3000余种。有些种类是林业重要害虫。

油茶织蛾 *Casmara patrona* Meyrick

展翅成虫

成虫交尾

成虫触角长为前翅的3/5。前翅顶角椭圆形。后翅不宽于前翅；后足胫节具粗毛。

产于养虫笼纱孔中的卵

产于油茶小枝上的卵（已孵化）

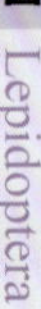

在油茶枝中取食的幼虫

在被害枝条蛀道中化蛹

油茶织蛾危害状

成虫羽化孔

尖蛾科 Cosmopterygidae

尖蛾科昆虫为小型蛾类。成虫常具有鲜艳色彩。触角与前翅等长或为前翅的3/4，少数基部有少量栉齿。下唇须向上弯曲，突出在头的上方，末节细长带尖。前翅细长、披针形。后翅较前翅狭，披针形或线形，前后翅缘毛均特长。幼虫圆筒形，常潜叶、卷叶或蛀果危害，部分潜叶危害的幼虫体扁。全球已知1300余种，有些种类是林业上重要害虫。

毛竹尖蛾 *Cosmopterix phyllostachysea* Kuroko

成虫（前翅细长、披针形。后翅较前翅狭，披针形或线形）

潜在竹叶中的幼虫正在取食

幼虫老熟近化蛹

幼虫在竹叶蛀道中化的蛹

木蛾科 Xyloryctidae

木蛾科昆虫是小蛾类中体型较大的中型蛾类，成虫头部光滑，具疏松鳞毛，下唇弯曲、上举，呈镰刀状，末节细小，触角基部常无栉齿状毛；前翅宽、呈长方形，后翅呈不等的四边形，或卵圆形，前、后翅等宽或后翅较前翅更宽广。幼虫体圆，多蛀食木本植物的枝茎，蛀孔四周吐丝粘结粪粒，似堆集的砂粒，又称堆砂蛀蛾。

肉桂木蛾 *Thymiatris* sp.

成虫触角基部常无栉齿状毛，前翅宽、呈长方形，后翅呈不等的四边形，或卵圆形，前、后翅等宽或后翅较前翅更宽广

乌桕木蛾 *Odites xenophaea* Meyrick

油茶堆沙蛀蛾 *Linoclostis gonatias* Meyrick

成虫

幼虫转移危害

将被害枝条折断后，幼虫从蛀道中爬出

香樟木蛾 *Thymiatris* sp.

铁杉木蛾 *Metathrinca tsugensis* Kiearfot

木蠹蛾科 Cossidae

木蠹蛾科昆虫为中到大型蛾类。成虫体粗、长，远超过后翅，披浓鳞片及毛，一般为灰褐色或灰红色，另一部分为白色，有黑色斑点。头具毛丛，喙退化，下唇须小或消失，触角雌雄常为双栉齿状，而有些种类雌雄触角基部为双栉齿状、末端则为丝状；足粗，成虫夜间活动。幼虫体大，紫红色或黄白色，营钻蛀性生活，危害多种树木。全球已知近1000种。有不少种类为树木著名的蛀干害虫。

梨豹蠹蛾 *Zeuzera pyrina* Saudinger et Rebel

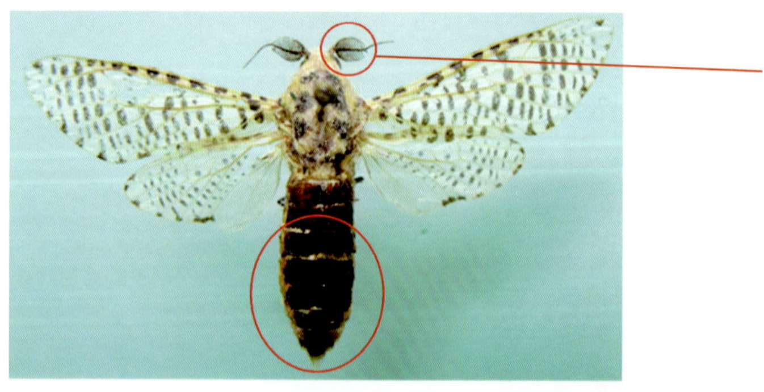

成虫体粗、长，远超过后翅，一般为灰褐色或灰红色，另一部分为白色，有黑色斑点。喙退化，下唇须小或消失，触角雌雄常为双栉齿状，而有些种类雌雄触角基部为双栉齿状、末端则为丝状。

咖啡木蠹蛾 *Zeuzera coffeae* Nietner

成虫

幼虫在蛀道中危害

白背斑蠹蛾 *Xyleutes leuconotus* Walker

刺蛾科 Limacodidae

刺蛾科昆虫为中型蛾类。成虫体粗短，密生厚鳞片，常为黄褐色或绿色，有红色或银白色斑纹。头小，无吻，下唇须发达；雌成虫触角丝状，有的基部略有短栉齿，雄成虫双栉齿状。翅宽短，近圆形，常有鲜明颜色，成虫夜间活动。幼虫短粗，头小、常缩入前胸下，胸足小，无腹足，体常有有毒的毛疣和枝刺，有些属幼虫身体光滑，球形。蛹化于茧中，茧卵圆形，坚硬，有盖。全球已知1000种，中国已知100余种，多为林木、四旁绿化及行道树的叶部害虫。

褐边绿刺蛾 *Parasa consocia* Walker

成虫体粗短，厚密生鳞片，头小，无吻，下唇须发达；雌成虫触角丝状，有的基部略有栉齿，雄成虫双栉齿状。翅宽短、近圆形、常有鲜明颜色。

黄刺蛾 *Cnidocampa flavescens* (Walker)

黄刺蛾成虫

黄刺蛾幼虫

黄刺蛾茧——似鸟蛋

迹斑绿刺蛾 *Latoia pastoralis* Butler

成虫自然停息状

初羽化的成虫展翅待飞，示雌成虫头、触角

老熟幼虫

结于树干上的茧

茧内的蛹

艳刺蛾 *Arbearosa rufotessellata* (Moore)

斑蛾科 Zygaenidae

斑蛾科昆虫小到中型蛾类。成虫与鹿蛾相似（明显区别在触角）。体光滑多灰色或黑色，头突出、具单眼，喙发达裸露，触角常在接近端部加粗、雄虫触角常粗大或呈双栉齿状；前胸常呈红色或明显的斑点，前翅宽阔、略圆，具发达的臀区，常具极鲜艳之颜色，白天活动，飞行缓慢。幼虫体粗短，具许多毛瘤，瘤上有短毛，常卷叶取食或露在叶面危害。全球已记载1000多种，中国已知140种。有些种类是林业上重要害虫。

茶柄脉锦斑蛾 *Eterusia aedea* Linnaeus

成虫体光滑，喙发达，有单眼，触角常在接近端部加粗；翅阔，略圆，具发达的臀区，常具极鲜艳之颜色，白天活动，飞行缓慢。

成虫

茶柄脉锦斑蛾幼虫

竹斑蛾 *Artona funeralis* Butler

成虫

产于竹叶上的卵排列整齐

幼虫

结于竹腔内的越冬茧

透翅硕斑蛾 *Piarosoma hyaline thibetana* Oberthur

成虫正面

成虫腹面

卷蛾科 Torticoidae

卷蛾科昆虫个体多为小型蛾类。成虫头部光滑，触角丝状，有单眼，小颚须缺，下唇须适中或特长。翅宽，前翅前缘在基部急剧突出呈曲形或称肩状，外缘直、顶角突出，略呈长方形，翅的缘毛长，成虫停息时翅呈屋脊状覆于体上。幼虫营隐蔽生活，多卷叶、潜叶或蛀茎危害。已知有近9500多种。很多种类是农、林害虫。

茶长卷蛾 *Homona magnanima* Diakonoff

成虫触角丝状，翅宽，前翅前缘在基部急剧突出呈曲形、或称肩状，外缘直、顶角突出，略呈长方形，翅的缘毛长。

茶长卷蛾幼虫

云杉黄卷蛾 *Archips oporanus* (L.)

松实小卷蛾 *Petrova criastata* (Walsingham)

螟蛾科 Pyralidae

蝘蛾科昆虫为小到中型的蛾类。成虫体细长，末端尖。喙发达，仅退喙斑螟亚科喙退化，复眼明亮突出，有单眼；触角丝状，雄虫偶有锯齿状；后翅宽，近后缘处有不分枝的脉3根，足相当的细长。幼虫细长，几乎无毛，常隐蔽生活，受惊很活跃，向后蠕动；吐丝卷叶、钻蛀幼树茎干、种子危害。全球已记载30000种，中国已知2000种。很多种类是农、林重要害虫。

栗叶瘤丛螟 *Orthaga achatina* Batler

背面

腹面

触角丝状，喙发达。足相当的细长，后翅宽，近后缘处有不分枝的脉3根。

缀叶丛螟 *Locastra muscos alis* Walker

背面

腹面

竹黄大草螟 *Eschata miranda* Bleszymsk

成虫背面

成虫腹面

成虫自然停息状

蛹

在竹腔内危害幼虫

黄缘绒野螟 *Sinibotys butleri* South

成虫

卵

幼虫

结于笋箨内的茧与蛹

瓜绢野螟 *Diaphania indica* (Saunders)

钩蛾科 Drepanidae

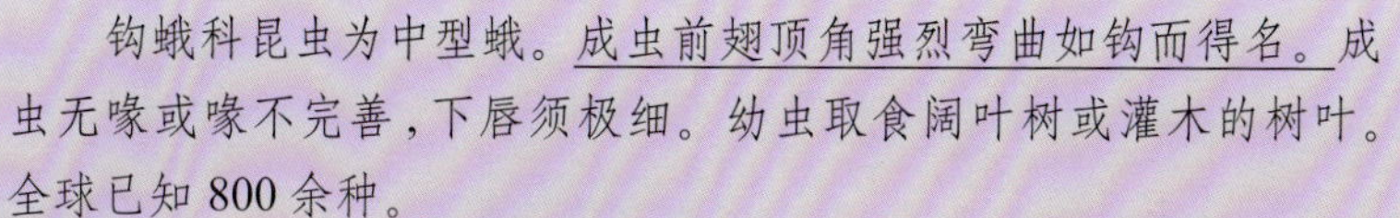

钩蛾科昆虫为中型蛾。成虫前翅顶角强烈弯曲如钩而得名。成虫无喙或喙不完善，下唇须极细。幼虫取食阔叶树或灌木的树叶。全球已知 800 余种。

中华大窗钩蛾 *Macrauzata maxima chinensis* Inoue

成虫前翅顶角强烈弯曲如钩而得名

白星黄钩蛾 *Tridrepana crocea* (Leech)

中国钩蛾 *Auzata chinensis* Leech

中国钩蛾的前翅的钩很小，但还是可以看出钩蛾的主要特征。

青岗树钩蛾 *Zanclalbara scabiosa* (Butler)

尺蛾科 Geometridae

尺蛾科昆虫为小到中等大的蛾类。成虫触角丝状、鬃状或羽状，有喙少数或缺；体大、多细长，翅宽、多膜薄，鳞片细，常有细波纹，大多数成虫颜色为保护色。停息时四翅常平铺，飞行力不强大；有些雌虫翅退化或完全无翅。幼虫体细长，仅腹部第六节和第十节有腹足，行走时使身体一曲一直，像尺量长度一样而得名，很多幼虫在静止时其外表很像小的枝条或粗的叶脉，不仔细很难看出。全球已记载22000种，中国已知2000余种。很多种类是林业、果树和行道树害虫。

点尾尺蛾 *Ourapteryx nigrociliaris* Leech

体大、多细长，翅较宽大、多膜薄，触角羽状

黄蝶尺蛾 *Thinopteryx crocoptera* Koller

大玉臂黑尺蛾 *Xandrames dholaria sericea* Butler

枯叶蛾科 Lasiocampidae

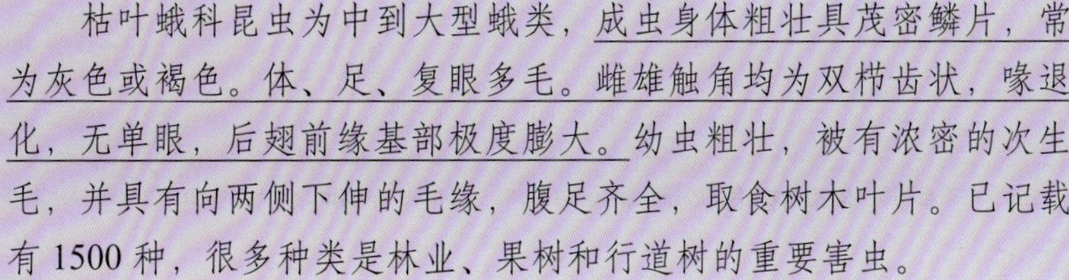

枯叶蛾科昆虫为中到大型蛾类，成虫身体粗壮具茂密鳞片，常为灰色或褐色。体、足、复眼多毛。雌雄触角均为双栉齿状，喙退化，无单眼，后翅前缘基部极度膨大。幼虫粗壮，被有浓密的次生毛，并具有向两侧下伸的毛缘，腹足齐全，取食树木叶片。已记载有1500种，很多种类是林业、果树和行道树的重要害虫。

李枯叶蛾 *Gastropacha qaercifolia* Linn.

成虫背面

成虫腹面－示后翅前缘基部极度膨大

成虫身体粗壮具茂密鳞片，雌雄触角均为双栉齿状，喙退化，无单眼，后翅前缘基部极度膨大。

波纹杂毛虫 *Cyclophragma undans* (Walker)

成虫背面

成虫腹面（示无喙）

马尾松毛虫 *Dendrolimus punctatus* (Walker)

雌成虫

马尾松雄成虫

油茶枯叶蛾 *Lebeda nobilis* Walker

栗枯叶蛾 *Kunuagia yamadui* Nagano

天蚕蛾科 Saturmiidae

天蚕蛾科昆虫为大型或特大型蛾类。成虫体粗壮、多毛。无吻，雌雄触角为明显的双栉齿状，雄虫分支为长。每个个体前、后翅中部几乎都具有透明的眼状斑纹；有不少种类后翅有长尾状突起。幼虫大，体粗壮光滑，许多种类具有瘤突或枝刺；蛹化于致密而结实的茧中。全球已知1500余种，中国已知80种。许多种类为林木和绿化树种害虫，也有一些种类的茧是优质丝，属产丝益虫。

水青蛾 *Actias selene ningpoana* Felder

雌雄触角为明显的双栉齿状，雄虫分支为长。每个个体前、后翅中部几乎都具有透明的眼状斑纹；有不少种后翅有长尾状突起。

樗蚕 *Philosamia cynthia* Walker et Felder

成虫

幼虫（黄照岗　摄）

红尾大蚕蛾 *Actias dubernardi* Oberthur

樟蚕 *Eriogyna pyretorum* (Westwood)

成虫

樟蚕茧

银杏大蚕蛾 *Dictyoploca japonica* Moore

茧

蛹

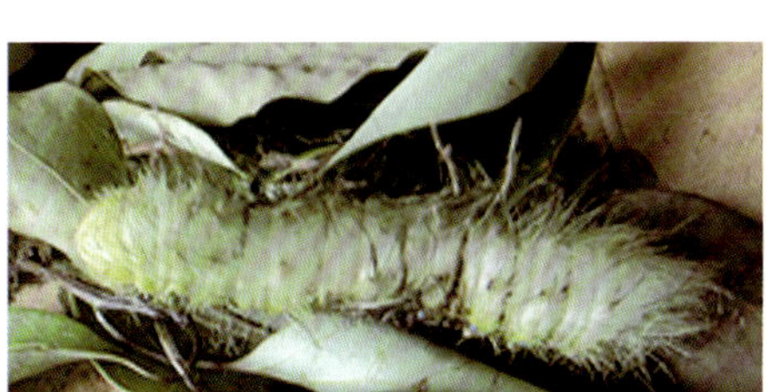

幼虫

雌雄成虫

箩纹蛾科 (水蜡蛾)Brahmaeidae

箩纹蛾昆虫个体多为大型的蛾类。成虫形似天蚕蛾科（无喙），与其区别的是本科昆虫的成虫有发达的口器，翅面没有透明的眼状斑纹。体多深色，翅面多有独特的黄、褐、紫等深色斑纹（有称猫头鹰蛾）。全球已知近 30 种，幼虫多取食木樨科植物的叶。

紫光箩纹蛾 *Brahmaea porpuyrio* Chu et Wang

青球箩纹蛾 *Brahmophthalma hearseyi* (White)

成虫有发达的口器，翅面没有透明的眼状斑纹。体多深色，翅面多有独特的黄、褐、紫等深色斑纹。

鹿蛾科 Ctenuchidae

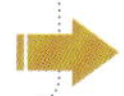

鹿蛾科昆虫为中型蛾类。成虫体多为灰色、黑色或具有鲜艳的环状颜色；喙发达，下唇须短小，向前伸；触角端部或长或短有一部分为白色。翅呈暗色，具斑纹，前翅宽、略圆，臀角发达下延。幼虫体短，具有毛丛毛疣。

清新鹿蛾 *Caeneressa diaphana* Obraztsov

成虫触角端部或长或短有一部分为白色。翅呈暗色，具斑纹，前翅宽、略圆具发达的臀区

广鹿蛾 *Amata emma* (Butler)

茶鹿子蛾 *Amata gormare* Felden

宽带鹿蛾 *Amata dichotorma* (Leech)

天蛾科 Sphingidae

天蛾科昆虫为大型蛾类。成虫体纺锤形，腹部尾端尖，喙发达，触角粗、棒状，尖端略弯曲呈钩状。前翅狭长、后缘近臀角处内陷，臀角向下弯曲，成虫飞翔能力强，夜晚活动。幼虫粗壮，取食量大，第八腹节背面有一向后上方斜伸的尾角，体侧常有向上的斜行线，从节前气门线起到节末的亚背线止，甚至到下一节的背面。全球已知有1300种，中国已知近200种。有不少种类是重要农、林害虫。

细纹鹰翅天蛾 *Oxyambulyx schauffelbergeri* (Bremer et Grey)

成虫触角粗，棒状，尖端略弯曲。前翅狭长、后缘近臀角处内陷，臀角向下弯曲

鬼脸天蛾 *Acherontia lachesis* (Fab.)

成虫背面（成虫前翅狭长，后缘近臀角处内陷、臀角向下甚少，但仍可看清此特点）

幼虫（第八腹节背面有一向后上方斜伸的尾角，在体侧常有向上的斜行线，从节前气门线起到节末的亚背线止，甚至到下一节的背面）

松黑天蛾 *Hyloicus caligineus sinicus* Rothschild et Jordan

成虫背面

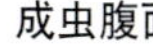

成虫腹面

幼虫

榆绿天蛾 *Callambulyx tatarinovi* Bremer et Grey

湖南长喙天蛾 *Macroglossum hunanesis* Chu et Wang

华中白肩天蛾 *Rhagastis mongoliana centrosinaria* Chu et Wang

舟蛾科 Notodontidae

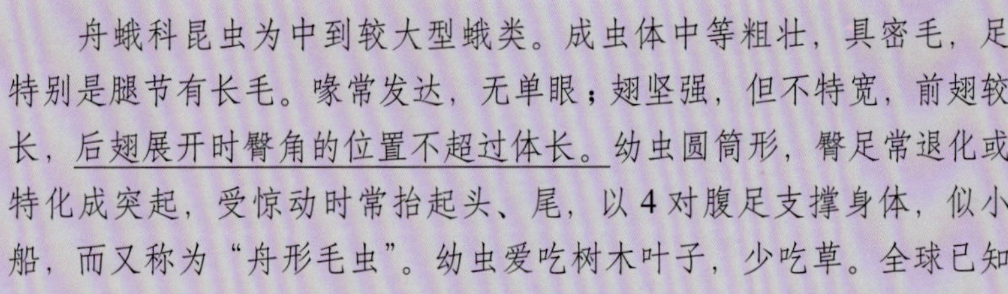

舟蛾科昆虫为中到较大型蛾类。成虫体中等粗壮，具密毛，足特别是腿节有长毛。喙常发达，无单眼；翅坚强，但不特宽，前翅较长，后翅展开时臀角的位置不超过体长。幼虫圆筒形，臀足常退化或特化成突起，受惊动时常抬起头、尾，以 4 对腹足支撑身体，似小船，而又称为“舟形毛虫”。幼虫爱吃树木叶子，少吃草。全球已知 3500 种；中国已知 400 种，是森林树木、行道树和果树重要害虫。

竹浅黄箩舟蛾 *Cerira decurrens* (Moore)

成虫翅坚强，但不特宽，前翅较长，后翅展开时臀角的位置不超过体长。雌雄触角均为双栉齿状，喙退化，无单眼，后翅前缘基部极度膨大。

竹镂舟蛾 *Loudonta dispar*（Kiriakoff）

雌成虫背面

雄成虫及变异雄成虫

卵（竹林中只有竹镂舟蛾卵为此形、此色）

取食幼虫

蛹和茧

竹篦舟蛾 *Besaia goddrica* (Schaus)

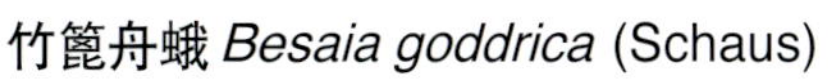

雌成虫自然停息状

雌成虫

产于竹叶边缘的卵

雄成虫

幼虫停于竹叶上

蛹和茧

竹箩舟蛾 *Norraca retrofusca* do Joannis

雄成虫背面

雌成虫自然停息状

产于竹叶尖端的卵（在竹林中只有竹箩舟蛾是这样产卵的）

停于竹小枝上的幼虫

苹掌舟蛾 *Phalera flavescens* (Bremer et Grey)

成虫展翅标本

成虫自然停息状

灯蛾科 Arctiidae

灯蛾科昆虫个体为中型蛾类。成虫多具平滑的鳞，触角丝状或羽状，成虫有单眼，许多种类夜间活动，有趋光性。翅宽或中等宽，具有明显的斑点或斑纹，否则翅色泽鲜艳。幼虫体有毛瘤，丛生着较长的次生刚毛，但无毒腺，小幼虫有群集性，取食多种植物叶片。全球已知 6000 种。有很多种是重要害虫或检疫害虫。

红缘灯蛾 *Amsacta lactinea* (Cramer)

成虫触角丝状或羽状，有单眼，有趋光性，许多种类夜间活动。翅宽或中等宽，具有明显的斑点或斑纹，否则翅色泽鲜艳

黑条灰灯蛾 *Creatonotos gangis* Linn.

花布灯蛾 *Camptoloma interiorata* Walker

成虫背面

成虫腹面

夜蛾科 Noctuidae

夜蛾科昆虫个体为从小到大型的蛾类。成虫体多粗健，有吻且发达，无下颚须，下唇须长度适中或很长；有单眼，触角丝状、雄虫亦有梳状者。前翅略窄、后翅较宽，前翅色多隐晦暗淡，从褐色到灰色。白天多覆翅静伏于树干、植物隐蔽处而不受天敌侵袭，为著名的夜间活动昆虫，有趋光性和趋化(糖醋)习性。该科是鳞翅目第一大科，全球已知40000种；中国已知3750种。幼虫多取食植物叶子，为多食性，少数为蛀茎或隐蔽生活，很多种为农、林植物重要害虫。

翎壶夜蛾 *Calyptra gruesa* (Draudt)

触角丝状、雄虫亦有梳状者。前翅略窄、后翅较宽

竹叶涓夜蛾 *Rivula* sp.

刚羽化的成虫(下方为蛹蜕)

幼虫

在竹叶背面化蛹

竹笋禾夜蛾

成虫

产于禾本科杂草枯叶上的卵，草叶将卵卷包保护

蛹

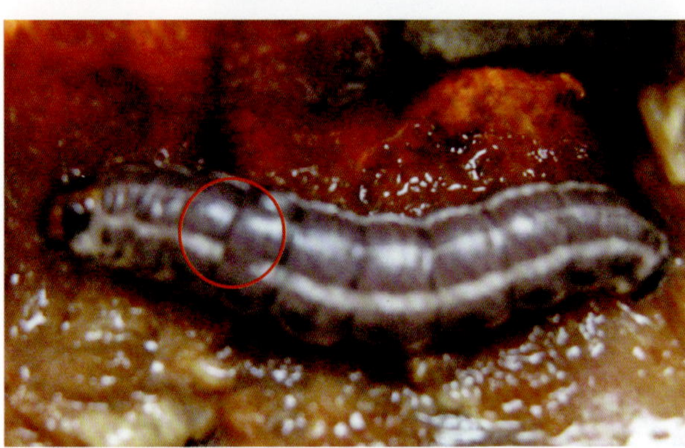
老熟幼虫（幼虫第五节亚背线前半段缺）

被害笋及幼虫

严重被害笋不能成竹

被害笋能成竹，利用价值打折扣

木叶夜蛾 *Xylophylla punctifascia* (Leech)

斑落叶夜蛾 *Ophideres hypermnestra* Cramer

变色夜蛾 *Enmonodia vespertilio* (Fabricius)

毒蛾科 Lymantriidae

毒蛾科昆虫为中等大小的蛾类。成虫与夜蛾科相近似，其区别为无喙、无单眼，胸、腹部、腿，被长毛。雄蛾触角为深双栉齿状；雌蛾尾端常具有一大簇毛，为用于覆盖卵块，幼虫被浓密长毛，并组成毛丛或毛刷和毒腺，第六和第七腹节背面常有两个毒腺。幼虫取食树木叶片，全球已知2700余种；中国已知360种。很多种类是林业和行道树叶部害虫。

模毒蛾 *Lymantria monacha* (Linn.)

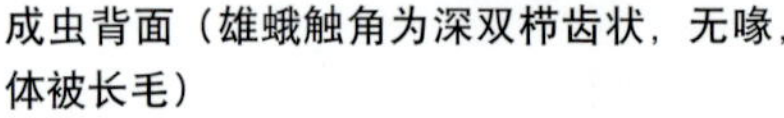

成虫背面（雄蛾触角为深双栉齿状，无喙，体被长毛）

成虫腹面

茶黄毒蛾 *Euproctis pseudoconspersa* Strand

雄成虫

雌成虫

幼虫

茧

蛹

卵

刚竹毒蛾 *Pantana phyllostachysae* Chao

雄成虫

雌成虫

幼虫

卵

茧

凤蝶科 Papilionidae

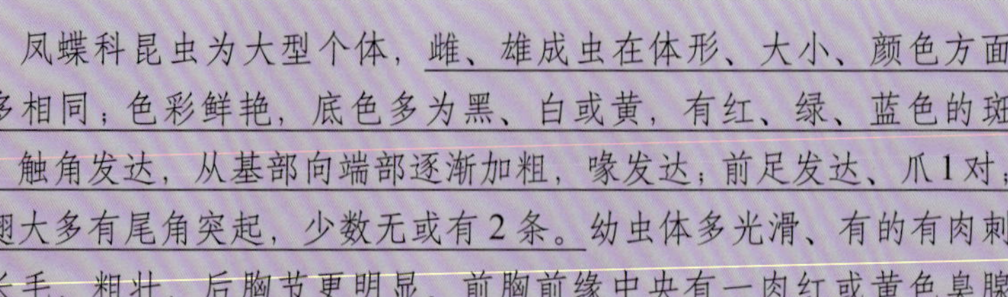

凤蝶科昆虫为大型个体，雌、雄成虫在体形、大小、颜色方面大多相同；色彩鲜艳，底色多为黑、白或黄，有红、绿、蓝色的斑纹。触角发达，从基部向端部逐渐加粗，喙发达；前足发达、爪1对；后翅大多有尾角突起，少数无或有2条。幼虫体多光滑、有的有肉刺或长毛，粗壮，后胸节更明显。前胸前缘中央有一肉红或黄色臭腺(翻缩腺)。已知610种，中国已知100种。有不少种类是林业或果树害虫。

中国宽尾凤蝶 *Agehana elwesi* (Leech)

成虫触角发达，从基部向端部逐渐加粗，喙发达；前足发达、爪1对；后翅大多有尾角突起

樟青凤蝶 *Graphium sarpedon*（Linnaeus）

触角发达，从基部向端部逐渐加粗，喙发达；后翅大多有尾角突起

幼虫

老熟幼虫

蛹

柑橘凤蝶 *Papilio xuthus* Linnaeus

成虫（示发达的喙）

成虫腹面

成虫背面

3 龄幼虫

老熟幼虫

丝带凤蝶 ***Sericinus montela*** **Gray**

粉蝶科 Pieridae

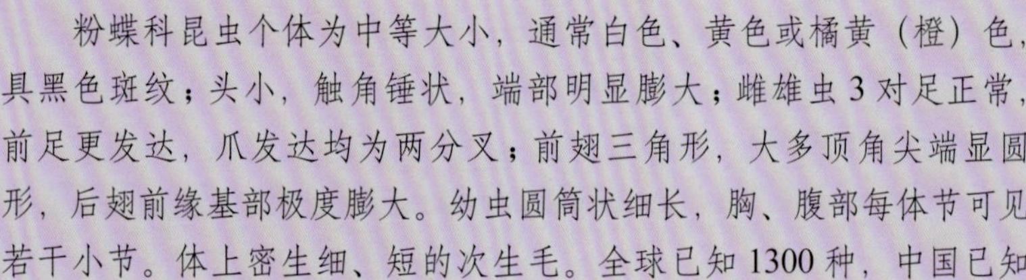

粉蝶科昆虫个体为中等大小，通常白色、黄色或橘黄（橙）色，具黑色斑纹；头小，触角锤状，端部明显膨大；雌雄虫 3 对足正常，前足更发达，爪发达均为两分叉；前翅三角形，大多顶角尖端显圆形，后翅前缘基部极度膨大。幼虫圆筒状细长，胸、腹部每体节可见若干小节。体上密生细、短的次生毛。全球已知 1300 种，中国已知 130 种。少数为林业害虫。

宽边小黄粉蝶 ***Eurema hecabe*** **Linnaeus**

成虫背面

成虫腹面

头小，触角锤状，端部明显膨大；雌雄虫 3 对足正常、前足更发达，爪发达均为为两分叉；前翅三角形，大多顶角尖端显圆形。

角翅粉蝶 *Gonepteryx rhamni* Linnaeus

成虫背面

成虫腹面

黑斑脉绢粉蝶 *Metaporia melanis* Oberthur

成虫背面

成虫腹面

环蝶科 Amathusiidae

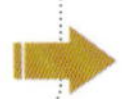

环蝶科昆虫为中型或大型个体。头小，复眼无毛；触角细长，棒状部亦细。前足退化，缩于胸下无行走功能。翅大而阔，前翅前缘弯曲呈弧形，外缘大多现直线状，少向外或向内弯曲。后翅臀区大，无尾突。翅上有大型环状纹。幼虫圆柱形，体节上具横纹。全球已知近100种；中国已知近20种。大多为棕、竹类植物害虫。

凤眼方环蝶 *Discophora sondaica*

成虫背面

成虫腹面

3龄幼虫虫苞

老熟幼虫

蛹——已被寄生

鱼尾环蝶 *Stichophthalma howqua*（Westwood）

成虫

老熟幼虫

蛹

成虫正羽化

眼蝶科 Satyridae

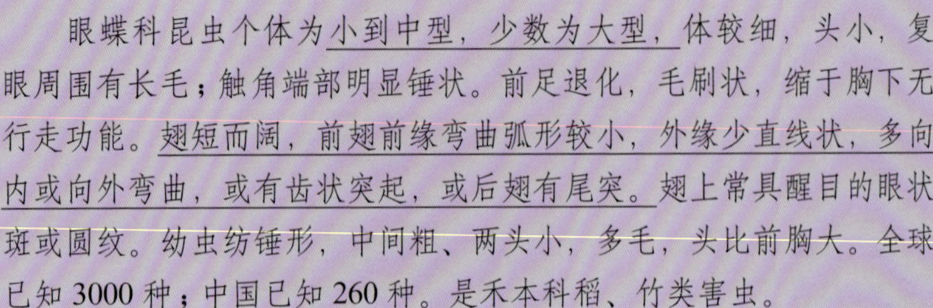
眼蝶科昆虫个体为小到中型，少数为大型，体较细，头小，复眼周围有长毛；触角端部明显锤状。前足退化，毛刷状，缩于胸下无行走功能。翅短而阔，前翅前缘弯曲弧形较小，外缘少直线状，多向内或向外弯曲，或有齿状突起，或后翅有尾突。翅上常具醒目的眼状斑或圆纹。幼虫纺锤形，中间粗、两头小，多毛，头比前胸大。全球已知 3000 种；中国已知 260 种。是禾本科稻、竹类害虫。

蒙链眼蝶 *Neope muirheadii* (Felder)

成虫背面

成虫腹面

触角端部明显锤状。前足退化，缩于胸下无行走功能。翅短而阔，前翅前缘弯曲弧形较小，外缘少直线状，多向内或向外弯曲，或有齿状突起。翅上常具醒目的眼状斑或圆纹。

卵

3 龄幼虫

老熟幼虫

蛹

竹曲纹黛眼蝶 *Lethe chandica* Moore

雄成虫

雌成虫

成虫腹面（示翅上眼纹）

3 龄幼虫（示刚脱下的 2 龄头壳）

4 龄幼虫

老熟幼虫

蛹

蛱蝶科 Nymphalidae

蛱蝶科昆虫为中到大型昆虫，少数为小型个体，色彩美丽。触角长上有鳞片，端部为明显的锤状，两触角间距离靠近；复眼裸露、有毛（有部分种似粉蝶，粉蝶3对足均发达）。前足退化，无爪，常折叠缩于胸下，没有行走功能，故被称为四足蝶。幼虫纺锤形，并具黄、绿、褐色纵纹，头常为双叶状或角状，前胸收缩，体被小突起，上生次生短刚毛，体节有若干小环节。幼虫多以禾本科植物为食，全球已知5000种，中国已知320种。一些种类是阔叶树害虫。

云豹蛱蝶 *Nephargynnis anadyoomene* Felder

茶褐樟蛱蝶 *Charaxes bernardus* Fabricius

成虫

幼虫

柳紫闪蛱蝶 *Apatura ilia* Denis et Schiffermüller

成虫背面

成虫腹面

苎麻黄蛱蝶 *Acraea issoria* Hubner

灰蝶科 Lycaenidae

灰蝶科昆虫个体多为小型、极少数为中型个体。触角短、锤状，每节有白色环，复眼四周绕一白色鳞片环。翅正面多为蓝色、紫铜色、暗褐或橙色；背面多暗色，有眼斑或细纹，后翅常有纤细尾状突。雌虫前足发达、雄虫退化。幼虫多取食嫩叶、花或果，亦有取食蚜虫的，属益虫。全球有6500种，中国有560种。

曲纹紫灰蝶 *Chilades pandava* Horsfield

触角短、锤状，每节有白色环，复眼四周绕一白色鳞片环

后翅常有纤细尾状突

成虫背面

成虫腹面

幼虫及危害状

老熟幼虫

蛹

蚜灰蝶指名亚种 *Taraka hamada hamada* (Druce)

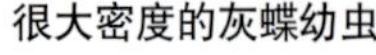
很大密度的灰蝶幼虫

老熟幼虫

蛹

撕破茧后的越冬幼虫

成虫自然停息状

成虫产卵

弄蝶科 Hesperidae

弄蝶科昆虫为小到中型个体，在蝶类中属体型粗壮类，头大，触角棒状、尖端突细常弯曲成钩，两触角间距离甚宽。前翅三角形甚短，前足退化，缩于胸下无行走功能。幼虫光滑无毛，头大、常宽于胸部，前胸细如瓶颈，幼虫结苞、隐蔽危害。全球已知 5000 余种，中国有约 400 种。有些种类是农、林重要害虫。

红翅长标弄蝶（台湾亚种）*Telicota ancilla horisha* Evans

幼虫

蛹

红眼玛弄蝶

背面

腹面

2 龄幼虫

幼虫取食虫苞

刚化的蛹

化蛹虫苞

黑标孔弄蝶 *Polytremis mencia kiraizana* (Sonan)

成虫

幼虫

蛹

膜翅目

Hymenoptera

膜翅目昆虫为小到中型个体，个别有大型，体型有纤细到粗壮不一，前后翅均为膜质、透明，触角为丝状、膝状、念珠状、棍棒状、栉齿状，触角节数和着生位置各有不同。大多数为寄生性和捕食性，是重要的天敌昆虫和传粉昆虫，少数为植食性昆虫。全球已知145000种，中国已知12500种。

膜翅目主要特征：

- 口器：咀嚼式（或咀吸式）；
- 眼：复眼发达、单眼3枚；
- 翅：膜质，有些种类翅脉特化或减化；
- 腹部：第一节与胸部密切结合，称为前伸腹节，据结合情况分广腰亚目和细腰亚目。

叶蜂科 Tenthredinidae

叶蜂科昆虫个体为中等大小，成虫体粗壮、色彩鲜艳。触角多为丝状，9节，极少数有多到16节的。前胸背板后缘深凹，小盾片有明显的后小盾片，前足胫节有两个端距。幼虫为多足型，与鳞翅目幼虫相比，除3对胸足外，它有6~8对腹足。幼虫大多为植食性，全球已知6000种，中国已知2000种。

樟叶蜂 *Mesoneura rufonota* Rohwer

前胸背板后缘深凹，小盾片有明显的后小盾片，前足胫节有两个端距（重要特征）

成虫停息在樟树叶上

幼虫群聚取食樟树叶

德清真片胸叶蜂 *Eutomostethus deqingensis* Xiao

成虫

产于竹叶中的卵

幼虫取食竹叶

竹叶被吃光后、幼虫会成群爬行转移到未被危害的毛竹叶取食

树蜂科 Siricidae

树蜂科昆虫个体较大。触角鞭状，有 17~30 节，第一节最长、弯曲，前胸背板后缘高度凹入，前足胫节仅 1 个端距，跗节 5 节。

法桐树蜂

触角鞭状，有 17~30 节，第一节最长、弯曲，前胸背板后缘高度凹入，成虫前足胫节仅 1 个端距

姬蜂科 Ichneumonidae 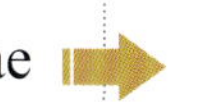

姬蜂科昆虫体细长，腹部长度长于头、胸部之和；有些种产卵管很长，常长于虫体。是完全变态昆虫、离蛹，多有结茧，全球已知 23300 种，中国已知 1500 种。

黑瘤姬蜂 *Coccygomimus* sp.

成虫体细长，腹部长度长于头、胸部之和

茧蜂科 Braconidae

茧蜂科昆虫个体相对较小，体粗壮，腹部的长度约与头、胸部等长，腹部第二、三节背板愈合，幼虫老熟时在寄主体外结白色丝茧化蛹。全球已知17600种，中国已知1000种。

织蛾窄蝇茧蜂 *Myosoma* sp.（新种）

成虫侧面（粗壮，腹部的长度约与头、胸部等长）

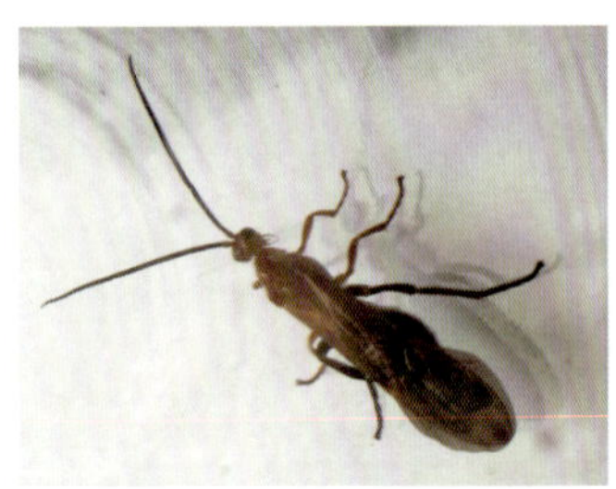

成虫背面

竹弄蝶绒茧蜂 *Apanteles* sp.

绒茧蜂寄生弄蝶幼虫后幼虫老熟爬出弄蝶体外结茧

广肩小蜂科 Eurytomidae

广肩小蜂科昆虫前胸背板宽大呈四方形，腹部圆形或卵圆形。

竹广肩小蜂 *Aiolomorphus rhopaloides* Walker

成虫刚羽化爬出被害小枝

被害小枝膨大，一节一虫

成虫羽化孔

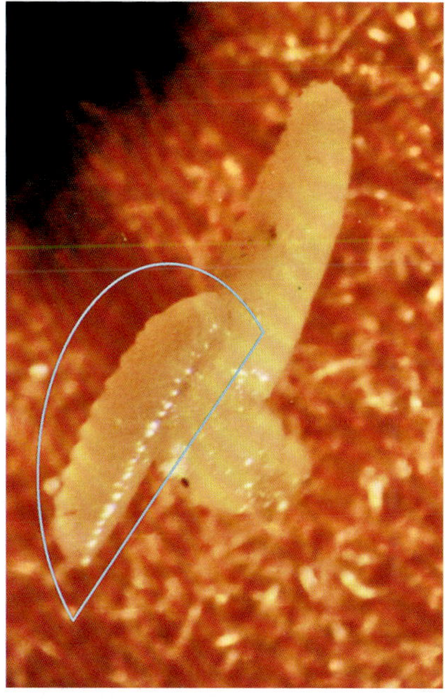

被害小枝中的幼虫常被长尾小蜂幼虫寄生，(示绿圈中的)

毛竹上枯叶就是被害枝

刚竹泰广肩小蜂 *Tetramesa phyllastraohitis* Gahan

刚羽化的成虫（示 1 雌 1 雄）

在小枝中剥出的蛹（示 1 雌 1 雄）

一个被害的小枝中有 4~5 个幼虫

胡蜂科 Vespidae

胡蜂科昆虫体型较大，色泽鲜艳，体多黄红，有黑色或褐色的斑或带，触角略似膝状，上颚短，前胸背板后缘深凹、达肩板，中足胫节有两个端距，爪不分叉，成虫停息时翅常纵褶。筑巢群居，有简单的社会组织，蜂群中有后蜂、职蜂和专司交配的雄蜂。全球已知近5000种，中国已知100余种。

胡蜂科代表

成虫体型较大，色泽鲜艳，体多黄红，有黑色或褐色的斑或带，中足胫节有两个端距

部分被审过一次、插图基本绘成后，只留下我一人又搞了半年多，承担文稿最后的审阅，为保证“改过文稿一定要尊重作者原稿”的要求，很多稿件我阅读了2次甚至3次，审查黑白插图布局不好的，还要剪开重新拼图，附图注，图文合并、整理编页，最后均由萧刚柔先生过目、修改后定稿。2年多时间，500篇文稿、500多个害虫及形态图使我对全国的林业害虫分布、形态、危害、发生情况更熟悉了。

每想到《林木病虫防治手册》时，心中就很压抑，为写作人员感到不公，时间越长、越强烈。1984年春，我决定对《林木病虫防治手册》进行修改、增加内容、修改错误，并更名为《林业病虫防治手册》，下称《手册》。并着手对手册上每幅图下、每篇文章后面加上绘图人、作者名，由于时间较长、记忆模糊，我反复修改，约花了近半年时间，才将名字全部定下。同时，发函征求原写作人员的意见，很快复信回来了，他们都表示认可，愿意为《手册》的再版做些工作。大家的信认和支持，增加了我的信心，根据10多年来全国病虫的变化，我删去原手册上局部发生的、不太严重的病虫；增加全国发生比较重的和新发生的病虫种类。这本书没有任务、没有经费，每个人据自己优势、时间挑选任务、提供标本。我们各自有科研、教学任务，所有撰稿、绘图均在业余时间进行，经过一年多的工作，1985年冬利用学术会议机会开了个碰头会，调整了内容、分工，大家表示再努力一年定稿。我要完成林业部重点科研项目，所有的业余时间均被《手册》占用了，我除写作任务、改稿和寄回给原作者征求意见、统稿。到1987年春，林木病虫增至150余种、彩图130余幅及内容丰富的附录稿件由中国林业出版社来的编辑带回北京。

1987年8月，我收到了样书及稿费，《手册》的确如萧刚柔先生在序中所说：“彩色绘图布局合理，害状特征突出，实物感强；内容丰富，文字精练”。第一次印刷了1万册。我很快给大家寄样书和稿费。我非常细心地统计每个人的工作量，以稿费总量来计算分到每篇稿、每幅图的稿费，我也以写稿和图的量与大家一样分享，并列明细表与样书分别寄给作者。大家都复信，表示感激。到这时我长长地叹了口气！可以对得起朋友了。虽“累”，但“值”！

从《手册》交稿后，我就全身投到项目和论文里去了，在这方面我亏欠得太多，从1988年起连续3~4年，每年撰写被录用论文3~4篇，直到1996年退休，还有几篇论文的原始资料迄今放在资料袋中没有整理成文。说到亏欠，我最亏欠的是我的家人，父母、妻子及儿女，而且是没有办法补救的，对父母我敬孝不够，甚至和他们团聚的时间都很少；妻子要工作、要为我管理这个家，对上替我孝顺父母，对下她为我照顾、教育子女，我成年累月出差在外，还要担心我冷暖、饱饿、病痛的生活；对儿女因出差多、团聚少，他们最渴望的父爱被我的工作剥夺了，而我只能默默说我：“太对不起你们了。”

我写这么多，说的都是我研究工作以外的事，以过去的话说，叫做不务正业。今天重提这些事，因这些工作是我写这本书思路的启迪，没有这些工作就没有写这本书的冲动和毅力，没有这些工作就没有这些实践知识的积累，作为完成这本书内容的知识基础。

我是亚热带林业研究所研究人员，服务对象为长江以南各省，举例的代表种也是长江以南的种类，其寄主植物主要是竹类、油茶等经济林树种、樟树等绿化树种，这点应该予以说明。对于北方的读者我只能说非常抱歉了，如有合适机会我一定找位北方朋友合作，加入一些北方代表种类。

还有一个问题，就是部分图片拍自亚林所昆虫标本室。

就是标本照片的标本为我从标本室特选的一般标本。亚林所标本室共有昆虫标本30多个柜子，大多是20世纪八九十年代采集、制作的，多已定名，拿一个好标本出来照像，稍不小心，就可能造成断角、折腿或破翅，绝不能因我写书而损坏标本，书上的照片只要特征突出就可以。有时我会特选一些生霉、整肢不好的昆虫标本，去霉（噢！这里加一个遗补：昆虫标本生霉，只要用小毛笔醮汽油将标本浸湿，再用笔轻轻地刷去霉，特别是鞘翅目标本能恢复原貌）、保湿、整肢干后照相，再还回标本室，这样我要多用去很多时间，但我很乐意。

由于时间仓促，书中有错或不适用的地方，请指正并包涵。

徐天森

2014年10月9日

中文名称索引

拉丁学名索引